石井朋彥

無我之道

吉卜力製作人
給年輕人的職場生存手冊

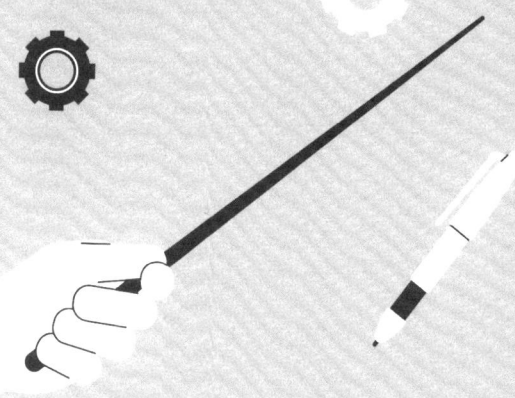

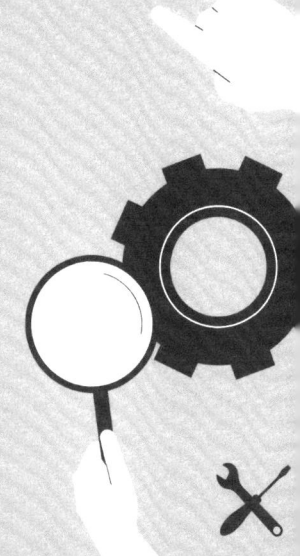

楓書坊

前言

「小夥子，你知道年輕真正的意義嗎？」

二〇〇〇年，我二十二歲。

當時五十一歲的鈴木敏夫這麼問時，我腦海中浮現幾個答案，「有旺盛的體力與幹勁」、「擁有未來的可能性」、「新穎的想法與價值觀」……

但是，看到鈴木先生皺著眉頭，一手敲著菸注視著我，我意識到這些都不是正確答案，於是垂頭喪氣地回答：「不知道……」

鈴木先生點燃香菸，吐出一口煙，說道：

「年輕啊，就是一無所有。」

那是吉卜力工作室舉辦作家鹽野七生講座的當天。

邀請鹽野女士來演講的，正是宮崎駿導演。在講座後的問答環節，由於提問的人不多，我為了想和仰慕已久的鹽野女士說話（也想在大家面前刷存在感），便高談闊論自己的意見，並提出我的問題。

鹽野女士笑著說：「這真是個很有難度的問題呢。」她耐心解答我的疑問。宮崎駿導演也加入討論，講座因此比預定時間大幅延長。我誤以為自己成功炒熱現場氣氛，沾沾自喜地返家。

沒想到當天晚上，我便收到鈴木先生的郵件。

「你今晚向鹽野女士提問的時機真是差勁透了。」

我原本得意洋洋的心情瞬間跌落谷底，急忙回覆郵件道歉。

隔天早上，我被鈴木先生叫到辦公室，劈頭就被痛罵：

「沒有人在乎你的意見！沒人提問就表示討論結束了，你的意見根本不重要！」

那天起，鈴木先生開始教我「適合迷惘的年輕人的工作術」。

捨棄自己的意見，只做筆記

一開始，鈴木先生這麼對我說。

・捨棄自己的意見。

・隨身攜帶筆記與筆，記錄對方言行、事件經過及當時情境。

「最重要的自覺是：年輕就意謂著『周圍的人不會有任何期待』。有些工作只有年輕時才做得到。那就是不需要有自己的意見。沒有人期待你會說出什麼警世名言，如果需要年輕人的意見，我自然會問你。」

「當你滿腦子只想著表達，就無法真正聽見別人說了什麼。昨天你對鹽野女士的提問就是這樣。你只顧著陳述自己的意見，對方說的內容你根本左耳進右耳出。」

我對這樣的批評當然很反彈。

當時我年輕氣盛，高傲得不可一世。總覺得不能有自己的意見，活著就沒有意義了。我認為工作也好、人生也好，最重要的是充分展現「只有我辦得到的事」、「做自己」、「我的獨到創意」。

三年內，只需模仿，模仿就對了！

鈴木先生繼續說道。

「宮崎駿這個人，是一個曾在高畑勳底下，持續模仿他長達二十年的人。不論是思維或行為舉止，甚至連說話方式、寫字都模仿。」

接著他把宮崎先生和高畑先生手寫的文字並排在一起讓我看。

那是《風之谷》和《天空之城》的企畫書。

「仔細看！高畑先生的字是不是往右傾？往左傾的才是老宮的字。老宮連高畑先生的字也模仿，最後造就出今天的宮崎駿。」

在那一刻，我才發現鈴木先生的字也和高畑先生及宮崎先生的字極其相似。

我抬起頭來，鈴木先生注視著我，說道：

「今後三年，你就模仿我吧！把個人意見拋到一旁。以不受任何遮蔽的雙眼（《魔法公主》主角阿席達卡的台詞）不帶偏見的視角去看世界，持續三年捨棄自我，盡力模仿他人，直到你覺得再也無法模仿時，你的個性就成形了。」

然後鈴木先生揮揮手說：「加油喔～」啪嗒啪嗒作響地踩著他招牌的日本傳統雪

馱，瀟灑地走向下一場會議。

＊＊＊

我的職業是動畫製作人。

動畫製作人的工作是策畫電影或電視動畫作品、籌措資金、召集工作人員、製作出影像並將其送到觀眾眼前。作品類型包羅萬象，包括電影動畫、電視動畫、網路影片、廣告、活動等等。

我在二十一歲時進入吉卜力工作室，配置到高畑勳導演的《隔壁的山田君》製作部門，而後在鈴木敏夫的底下，擔任宮崎駿執導的《神隱少女》、《霍爾的移動城堡》等作品的聯合製作人。二十七歲時辭去吉卜力的工作，很幸運擔任同樣是日本電影界代表的押井守、岩井俊二等導演的作品製作人。

觀眾和客戶願意自掏腰包欣賞我的作品，讓我不斷獲得製作作品的機會。如此循環往復，我持續走在創作路上將近二十年。

得以如此持續工作，都要歸功於我的恩師——現在依然是頂尖製作人，吉卜力工作室鈴木敏夫先生，是他嚴格地灌輸我「工作術」。在鈴木先生的指導下，我在二十多歲時，學習如何與高畑勳、宮崎駿這些天才共事，並獲得他傳授的「工作術」。

我一直都將鈴木先生的指導內容記錄在筆記中。不知不覺中，這些筆記本已多達數個紙箱。

近來常被工作上碰面的人問及，「從鈴木先生那裡學到什麼？」

現在世道變得複雜，不再那麼單純，似乎很多人在煩惱「要以什麼樣的心態面對工作」。

鈴木先生傳授給我的「工作術」，並不是如何從無到有，誕生創意的技巧，或是如何打造一個完美創意團隊與商業集團的組織論述，而是——

「捨棄自我模仿他人」的工作術。

由於近二十年期間，我實踐這個「捨棄自我的工作術」，翻轉了我的人生。

我並不認為自己有寫作本書的資格。畢竟我還在學習的道路上，實在沒有立場告訴讀者什麼是「工作術」。

不過，我對於今後出社會的年輕人，以及如同昔日的我，正因工作或人生而遇到阻礙的讀者，有一件無論如何都要告訴大家的事。

那就是我確信，再也沒有比鈴木先生花了六年指導我的「捨棄自我的工作術」，能夠更發自內心享受人生與工作的方法了。

現代社會充斥著各種與「自我」相關的詞彙，如「尋找自我」、「展現自我」、「自我價值」、「自我實現」、「成為世界唯一的一朵花」等等。

鈴木先生則不斷地告誡我：「捨棄自我！」

在這個重視自我，不斷探索自我的當前社會潮流形成對比，「捨棄自我的工作術」似乎是在與強調個性的社會價值觀對抗中敗下陣來。

然而，根據我和鈴木先生及優秀的創作者共事近二十年的經驗，我發現那些被稱為天才的創作者，都具備「捨棄自我，為他人服務」的共同特質。

因此，我希望透過這本書傳達一個重要的訊息：

真正的自我並不存在。

我們內心一無所有。

若有所得，皆來自外部，也就是他人。

如果能有這樣的自覺，就能宛如施加魔法般，讓「生存」與「工作」變得輕鬆。

我希望能將鈴木先生教我的「捨棄自我工作術」，那些我親身實踐過的具體方法，在此與大家分享。

目次

第2章【實踐篇】

鈴木敏夫傳授的放下自我工作法

第3章 【實踐篇】捨棄自我，就能看見他人

第 1 章

捨棄自我，模仿他人

一、只需記錄、整理與重讀他人的意見

抛開自我，才能擁有更開闊的視角。

「判斷一個人，看頭銜就對了！」

雖然鈴木先生要求我：「三年內，捨棄自我，模仿我就對了！」但我一開始完全無所適從。

即使他告誡我「要捨棄自我」，我全然不知所措，換來的結果是從早到晚都被破口怒罵。

「錯了！」我的每句話都被否定。

「這樣不對！」我的每個行動都被指責。

我滿頭霧水，總之一天到晚飽受責罵。

當時我的工作，只是預約會議室、安排座位順序、撰寫會議記錄等瑣碎事務。

「接下來要開的會，座位順序、與會者的頭銜、外貌、每個人的發言內容，都要具體寫下來，力求還原會議場景地。一定要隨身帶著筆和筆記本。會議結束後立即重讀一遍，回家後睡前再讀一遍，並重新整理重點。記住，務必在睡前完成這件事。」

「沒寫下來，會忘掉五成內容。隔天早上起來就忘掉八成了。」

「開會時，很難單憑地位、氣氛、說話音量大小來判斷對方。不過這無所謂。位高權重的人未必言之有物；年輕人也有可能提出真知灼見。藉由重讀筆記，就能自行判斷哪些才是最重要的資訊。」

鈴木先生每天的行程表都是從一早就排滿，一整天的重點工作超過十件，當時我使用無印良品的Ａ４筆記記錄，差不多三天就寫完一本。

筆記上寫著：

日期時間

地點

參加者的姓名、頭銜

座位順序

發言內容

參加者的外貌及說話方式（包括表情、動作）

詳細記錄與會者屬於哪一家公司什麼部門，什麼職稱都具有重要意義。

鈴木先生一口咬定：「判斷一個人，看頭銜就對了！」

通常不是都說「不可以用頭銜來論斷一個人嗎？」

看到我不以為然的神情，他一如往常斜眼睨視著我，說道：

「不是你想像的那個意思。我是指不要用抽象的方式判斷他人。你對人的好惡太過分明。喜歡的人你會善待，討厭的人就毫不留情地嚴厲批判。但這不過是你的主觀，不是嗎？」

主觀有什麼錯？即使主觀也是我基於公平原則的判斷。對於那些明顯怠惰散漫，會拖垮整個專案的人，不論年齡或頭銜，都應該毫不留情地剔除，我一直都堅信，這才是對認真工作者最起碼的尊重。

「那些根本無所謂。對你而言是好人還是壞人一點也不重要。重要的是對方『站在什麼立場，能做到什麼』，所以必須看對方的頭銜。然後客觀判斷，日後可以和這個人合作完成哪些工作。」

「年輕人常聚在一起喝酒，高談闊論未來的夢想，其實是最沒有意義的事。這只是一群沒有決定權的人窩在一起抱怨、發牢騷罷了。我從以前就幾乎不和同年齡層的人一起工作。和同年齡層的人一起根本成就不了什麼大事。」

原來如此。確實，年輕時和同年齡層的人一起喝酒聊彼此的夢想，通常對工作沒什麼幫助。

當然，也許五年後、十年後這些人或許都將身居要職、握有實權，能長久維持關係比較好。但現階段名片上的頭銜，是判斷這個人「目前能做到什麼」、「我能提供什麼，與之激盪出什麼樣的火花」的重要資訊。我領悟到「人的價值不是以頭銜來決定」的理想主義，是多麼不切實際。

開會的座位順序是關鍵

我本來就是個單純的傻瓜，所以就老老實實地照著鈴木先生的指示去做了。

每天一到公司，就把當天會議的出席名單製成表格。

會議開始三十分鐘前，我會提早進入會議室，決定座位順序。由於鈴木先生是個急性子，會議前十五分鐘就入座抽菸等待，我必須在他入座前完成一切準備。

起初，鈴木先生總是在會議前，一一指示每位與會者的座位。

舉例來說，如果當天的會議訪客是來進行企畫提案，負責記錄會議的我坐在鈴木先生旁邊，而鈴木先生的對面，則是對方的負責人。

但光是這樣的安排還不夠完善。

要是會議變成只有鈴木先生和對方負責人兩人的討論，很難激盪出新的想法。因此，必須讓可能受鈴木先生欣賞的年輕工作人員（個性開朗且勇於坦率表達意見的人）坐在鈴木先生視線所及之處。

座位安排的關鍵在於「視線」。若希望對方暢所欲言，而自己扮演聆聽者的角色，就要讓其他人坐在不會與自己視線直接交會的位置，更容易聆聽到全面的意見；反之，倘若希望會議最後能做出決策，就應該要讓握有決定權的人坐在視線範圍內。

一切都是為了讓討論的進行更加活絡。

由此可見，光是妥善的座位安排就能大幅提升會議品質。

會議一開始，除了記錄每個人的發言內容，也必須仔細觀察每個人的一舉一動、情緒起伏，並將這些細節忠實地記錄在筆記本上。

寫了幾頁後，再重新檢視最初記錄討論的內容。

剛開始，我因為想發表自己的意見而坐立不安，由於擔心挨罵才努力克制。不過，由於被要求「不必思考自己的意見」，只需徹底記錄其他人的發言，所以專注力意外地集中。

鈴木先生偶爾會翻閱我的筆記，藉此回顧先前的討論內容，再度回到討論。每當他詢問「剛剛說了什麼？」我可以核對筆記內容，立刻回答出來。

重複數百次這樣的狀況後，我驚訝地發現自己對會議全局的掌握程度，甚至超越了在場的其他與會者。

這讓我不禁肅然起敬。

過去我只關注於表達個人觀點，對於他人的意見，往往只是一心想著如何反駁。年輕人的意見容易被忽視，因此我更想藉由迎合主導者來凸顯自身的存在感，但這種迎合並非真正的認同，對於會議本身毫無助益。

然而當被問到：「你的意見呢？」我該怎麼辦呢？

這就簡單多了。

我只需針對大家討論的內容，引用我認為「對於這次討論的必要意見」（畫上紅圈或星號），發表「○○先生剛剛這麼說，我的看法也大同小異……」就夠了。

事實上，鈴木先生也是這麼做。

他總是專注聆聽對方的意見，從中找出最重要的部分。一旦方向大致確定，便開始將自己的想法與之連結並展開討論。

過了一段期間我才發現，要求我「模仿我就對了」的鈴木先生，才是把對方的意見和自己的意見融合的「模仿高手」。

意見只需「模仿他人」就夠了

鈴木先生並非擅長憑空創造的創意奇才。他最拿手的是綜觀全局，整合眾人的意見，再從中篩選，依序列出最出色、當下最需要的點子。

我一開始對此頗有微詞。因為我認為創作者的價值，就在於提出「獨到的見解」、「豐富的原創點子」，因此我有一種自己的意見被掠奪的感覺。

看到我露出不滿的表情，鈴木先生對我說：

「重點不在於是誰提出的創意。」

在當下情境中，什麼才是最重要的？

換個角度思考，大家齊聚一堂討論的根本目的是什麼？

唯有透過與他人交流激盪，才能夠產生僅憑一己之力，耗費數日甚至數月也無法孕育出的創意成果。

我不知道鈴木先生如何培養出這樣的思考方式。或許他天生就較少執著於自我。過去我一直認為，擁有強烈自我意識（至少看起來是如此）的人，工作能力理應更勝一籌。然而，最近我卻有了不同的體悟：事實恰恰相反。

真正能夠成就大事的人，往往是那些懂得接納他人意見、順應環境變化，並能精準掌握當下氛圍的人。

觀察周遭，我發現那些能夠抓住絕佳機會的人，確實都具備這些特質。

另外有一件值得注意的事情。

把對方的意見和自己的意見建立關聯性時，如果只是直接原封不動地說出來，很容易使對方產生「這不就是我剛剛說的嗎？」的反彈。為了避免反彈，開頭語格外重要。

如果對方是客戶或訪客，而且是位階高於自己的人，開頭語可以加上一句——

「就如剛剛○○先生提出的高見……」

如果對方是年輕人，則先說「△△先生的意見十分有意思……」

遇到是自己人時，則表示「□□相當清楚……」

類似這樣是否能在開頭語先捧一下對方，所產生的印象截然不同。

把對方的意見拿來當作自己的意見瞬間，最需要的是「捨棄自我」，而表明該創意或意見是「來自對方」的一句話十分關鍵。

鈴木先生現在也經常在會議中說「石井也相當清楚……」讓討論變得更熱絡。

在那一刻，也是令我的心情飄飄然的瞬間，即使我心知肚明根本翻不出鈴木先生的如來佛掌心。

創意人和執行者截然不同

能產生創意的人和實際上執行的人。

鈴木先生認為這兩者涇渭分明。

○○可能有能力實踐我提出的意見；

但△△提出的創意，或許由我來做更有機會具體實現。

隨著書寫會議記錄的次數增加，我開始不再那麼固執己見，漸漸能夠區別這兩者。而且，也能了解提出創意者和執行者分開來通常比較好。這雖然僅限於雙方都能「捨棄自我」的時候，但藉由將事情交託給對方、互相信任合作，工作的格局才不會變得狹隘，反而更有機會擴展可能性。

透過整理會議記錄，就能擁有更開闊的視角

當會議結束，我必須整理成會議記錄，並寄給鈴木先生和相關人員。經由把筆記上的內容整理成電子郵件會議記錄的過程，我能從中發現什麼才是重要的。因為能夠重新俯瞰整場討論內容。

而且，在會議中未能達到的目標，有時可以透過會議記錄達成。

例如，「從這次開會發現這個問題，麻煩大家協助」，經由會議記錄，調整到原本期望的方向。當然，我並沒有捏造謊言，正因為詳實記錄下大家的發言，不受個人主觀或氣氛的影響，才能把團隊帶到「接近正確答案的方向」。

不知不覺間，別人給我的評價，從「有幹勁、有熱忱，但做事容易急躁的年輕人」，轉變成「可以正確歸納整理出會議記錄，指引前進方向的人」。

這並不是我個人產出什麼內容，只是一五一十記錄大家當場發表的談話，加以歸納而已。

現在我依然持續擔任會議記錄，並在會後寄出郵件。我盡可能在會後及早寄給所有相關人員。偶爾，看到有人比我先一步發郵件給所有人，我會有點不服氣地心想：「哎喲，不錯嘛！」

這個「正確記錄會議記錄」的工作，正是「捨棄自我的工作術」的第一步。

鈴木先生就是這樣具體地教我「捨棄自我」的工作方法。

我藉由這樣一一具體模仿，從「自我」的枷鎖得到解放，得以享受人生及工作。

然而，這無法立竿見影。鈴木先生這個教導的重要性，我直到最近才真正體會。「捨棄自我的工作術」，我將在第二章的實踐篇詳細介紹。接下來我打算和讀者分享我是怎麼發現鈴木先生教導的重要性。

二、愈痛苦時，
愈要透過「捨棄自我」來得到救贖

自己的內在明明毫無所有，
卻糾結自己的做法，實在太痛苦。

執著於自我，只會陷入困境

進入吉卜力工作室，擔任鈴木先生助手的第七年，我迎來了一個千載難逢的機會。當時我二十七歲，動畫界的鬼才押井守導演，來詢問我是否有意成為他新作的製作人。渴望挑戰自我的我，毅然決然地離開吉卜力，投身於這片全新的天地。

然而，離開吉卜力以後的十年間，卻是我一段備嘗艱辛的歲月。

我在鈴木先生身邊，明明接受嚴格「捨棄自我」、「模仿他人」、「借助他人力量」的訓練，卻因為獨立的自負，試圖凡事親力親為，拒絕傾聽他人意見，企圖以一己之見掌控全局。因為當時的我，尚未真正領悟鈴木先生教誨的真正意義。

我竭盡全力投入工作，卻始終事與願違。

某個夜晚，我決心重新審視從鈴木先生那裡學到的點滴，我打開塵封的紙箱，再次翻閱我記錄的鈴木敏夫語錄筆記。一句以往不曾留意的話語，深深吸引了我的目光：

不要為自己而工作。

「我和老宮一樣，向來都是為他人而工作，最早（德間書店發行的）《Animage》創刊時，我也是在發售前一個月，突然被指派去當總編輯。老宮也不是他想導演才成為導演。他原本以動畫師為一生的職志，但在高畑勳底下擔任動畫師的過程中，不知不覺地走上導演之路。不論老宮或我，都不是主動投入目前的職務。」

這句話對我產生了巨大的衝擊。

鈴木先生和宮崎先生都不是為了自己，而是為了周圍的其他人工作，而且最後是為了觀賞作品的觀眾而創作電影。

反觀自己，我卻始終執著於「我想做的企畫」、「我認為好的創意」。曾幾何時，我誤解了「責任感」與「自我肯定」的意思，滿腦子只想著自我實現而工作。

因此，決定不再執著於個人的原創企畫，而是來者不拒地接受任何需要我的人所帶來的企畫。

結果，迎來了戲劇性的轉變。

我贏得了他人的信任，他們相信只要委託我，我必定竭力完成。我的心態也變得比較健康。更重要的是，我學會了借力使力，更有效地發揮自己的工作能力。

「滿腦子只剩下自己的人，會得憂鬱症。」這是鈴木先生常說的一句話。

過度拘泥於自己的動機、成功和自我實現的人，心胸也將變得愈來愈狹隘。

試著模仿身邊的友人

在我深陷泥淖、難以自拔之際，出現另外友人，將我拉出困境，那就是知名音樂家菅野祐悟。

菅野祐悟為《大搜查線》、《SP特勤型男》、《軍師官兵衛》、《王牌女行員花舞》等膾炙人口的日劇譜寫音樂。

第一次見到他，是在東京神樂坂的一家印度咖哩店。

當時的我正陷入人生谷底，耗費數年製作的電影票房慘澹，為了盡可能償還出資者的資金而四處奔波，身心俱疲。

颯爽登場的菅野先生，穿著一身黑的音樂人風格，全身散發出一股成功者的氣場。

因為是初次見面，我們的交談僅止於彼此的經歷、工作內容。我是無法讓電影賣座的無能製作人，他則是所參與的任何一部電影都獲得廣大迴響的天才音樂家，我還記得，那天看見他那耀眼奪目的成就，讓我更加沮喪地踏上歸途。

我和他正巧同齡，這也是更加重我自卑的主要因素。我連下一個企畫都還沒有著落，一切努力彷彿都付諸東流。面對和推出一部又一部暢銷作品音樂的他，更令我強烈感受到自己能力的界限。

然而，他在百忙之中，依然頻頻邀我一起去喝酒。事後我才知道，原來他當時也因為工作而陷入極大的困境，很希望有一個能夠無話不談的朋友。

有一天，菅野先生突然問我：

「石井先生你認為電影或電視劇賣座與否，和音樂家的表現有直接關聯嗎？」

菅野先生是專為影視作品配樂的作曲家。為剪輯後的電影配樂，以音樂詮釋角色的情感或情境，撼動觀眾的心緒，他無疑是這個領域的天才。

電影成功賣座，有賴企畫、劇本、卡司及當時的社會情勢影響。他說：「一部電影就算是配樂再出色也未必能成功。一部有質感的電影，會起用真正有實力的音樂家來製作配樂，所以，前提是你必須先被選上。」換句話說，唯有成為該作品的團隊成員，才有機會參與創造成功的作品。

「我一年所寫的曲子超過三百首，只要有人委託工作，我都盡可能接下來。但是其中能大受歡迎的作品屈指可數。即使是自認為『這次如願寫出滿意的曲子』，但未能反映在票房數字的狀況不勝枚舉。不過，只要參與的作品夠多，總有機會遇到暢銷作品。」

真是一語驚醒夢中人，雖然不能說是「亂槍打鳥」，但承接大量工作來提高暢銷作品的命中率，這個冷靜的分析確實有說服力。

「但是，暢銷作會成為我的代表作。因此如果當時未能交出自己滿意的作品，事後一定會十分後悔。因此不論任何工作都來者不拒，而且必須竭心盡力，全力以赴。」

「石井先生你並沒做錯。也沒有必要去改變你的做法。只不過，接下來的兩年，請你至少推動五個企畫案。如果你能製作五部作品的話，其中應該會有一、兩部能成功。這麼一來必定會有所成果。」

他接著提出幾位製作人的名字為例（我很少有機會知道其他製作人的工作，但菅野先生是音樂家，所以和數十位製作人曾有合作機會），讓我理解愈是暢銷作品的創作者，作品數量愈多。

我因此而啟動了「模仿」的關關。

「增加工作的數量及交易對象！」

再次重溫前面說過的「為了別人工作」的鈴木語錄時期，我立刻改變專注於一部作品的態度，一口氣增加了手上的企畫案。以往推辭或是因為沒有時間覺得有難度的作品，也積極地接下來。

漸漸的，票房數字和評價都有了良好的成果。

現在製作中的作品有八部，包括還在企畫階段的超過十二部。其中包括外資企畫案、以及旨在取得美國金像獎的作品，以及在電視取得高收視率，甚至形成系列長編的作品。

最開心的是鈴木先生找我參與協助宮崎駿導演的短篇新作。

最初遇見菅野先生時，我覺得那是一場讓我自卑感爆棚、非常負面的相遇。

然而，透過「捨棄自我去模仿」的方式，觀察擁有我所欠缺特質的人是如何工作的，結果得到戲劇性的回報。

從那之後，無論多麼忙碌，我面對工作邀約時，絕對不會擺出「我現在很忙」、「我沒時間」的態度或說出這樣的話語。因為這會阻擋好的機會和工作找上門。

我的口頭禪開始轉變成「我很樂意！」「我很想試試，請務必讓我做做看！」

這麼一來，許多有趣的工作不斷上門，行程表排得再滿，只要我開口答應要做，就會開始思考「如果要完成，現在應該怎麼做」。結果即使沒有時間或沒有錢，我依然可以借用其他人的力量，推出完成度極高的作品。

三、什麼是「良好的學習特質」？

彈性吸收他人長處的思維。

為了利己去模仿！

可能有很多人會認為捨棄自我、模仿他人是一種「拋棄自尊」的行為。任何人都有自我，有必要捨棄自我去模仿他人嗎？相信也有人抱著這樣的疑問。

如果模仿對象是在他面前會令你感到自卑的人，或是對方已經在一個看似遙不及的位置時，更容易有這樣的感受。

很容易令你覺得「我和他不一樣」。

或是產生抗拒、異樣的感受，「我不想做那樣的事」等，這些想法都是理所當然的。

更何況，隨著年齡增長，累積了一定的成就。拋棄自我，就如同否定、背叛至今的自己，會讓人產生這種感受。我自己就曾如此。

然而，當我為了小小的自尊心而封閉內心、緊抓著自己不放時，我會試著這樣問自己：

「當我堅持這股自尊心，因而停滯時，對方會領先走到多麼遙遠的地方呢？」

「繼續沿用目現的做法，未來究竟還有多少機會扭轉局勢呢？」

即使面對真正的自我，也只是看到一成不變的自己。

所以我開始轉換思維。

「透過偷師學藝，就能擁有對方多年累積的經驗，並從相同的起跑線開始前進。

再也沒有比這個更快速的捷徑了。」

「這不是模仿，而是竊取。利用竊取到手的技術，為了自己而利用對方。」

這樣的做法也許聽起來有點狡猾。

但不論古今中外，職人的世界一直都是這麼說的——

「別想著要別人教，給我用眼睛偷學！」

很多人都聽過，日文的「學習（学ぶ）」語源是「模仿（真似ぶ）」。

與其被動地等待別人教導，不如讓年輕人學會主動而有效率地「偷師學藝」，這樣上司更能專注於自身的工作，而被觀察學習的一方也因為成為學習對象，必須更加精進自己的能力。這就是所謂的「身教勝於言教」。

與其落入「我會教你，你好好記住！」「因為你沒教，所以我不知道」這種毫無進展的僵化模式，不如建立「我會拚命工作，你儘管從中觀察學習！」「我會努力學習，你要讓我看到你工作的樣子！」這樣的師徒互動關係更積極、更健全。

前面簡單地闡述「捨棄自我」的想法，但其實我一直都是自我主觀、自我主張比別人強烈的人（即使現在本質也未曾改變）。

每當我又忍不住展露出「我的想法是這樣」的自我意識時，我會意識到危險訊號逼近，我會深呼吸，提醒自己：「為了自己更要模仿他人。」

「利己性模仿」的思維，就像一道護身符，能讓我在自我意識高漲時，讓心胸更開闊。

「不懂察言觀色」的特質

鈴木先生悉心指導的工作夥伴，都具備下列共通特質——

- **敢於直言不諱地反駁鈴木先生的觀點。**
- **一點就通、反應靈敏。**
- **好勝心強。**
- **不拘泥於世俗常規。**
- **即使屢遭責備，也能鍥而不捨地積極投入，道歉並懇切請求「給予更多嘗試的機會」。**
- **眼中只有鈴木先生，所以不介意其他人的批評。**

這些特質的共通點是什麼呢？

絕不是在集團或組織中能平步青雲的類型，而是表裡如一，坦率真誠的人。

無論對方地位多高，仍不矯飾地直抒己見。這樣的人在日本社會常被敬而遠之，因為直言刺耳，容易在重視察言觀色的環境中陷入孤立。

然而，像這樣「不懂察言觀色」的人反而更重要。

前面提到的音樂家菅野祐悟，據說他的身邊，必然有「直率不擅察言觀色」的人。達到他這樣的地位，無論創作何種曲子，多數人往往都只會給予讚美。然而，這些直言不諱的人卻總是能毫不保留地說出真實感受，例如「總覺得這次的曲子平淡無奇」、「與劇中氛圍似乎不太協調」等意見。

「他們雖然是問題兒童，但總是能提出極具價值的意見。」

如果說這個世界上真的存在「別人樂意指導的資質」，那應該就是具有「不擅察言觀色卻坦率真誠」特質的人吧。

愈優秀的人愈會重用的是誠實坦率的人，而不是只會唯唯諾諾的人。

率直坦誠地請教，模仿自己所尊敬的人意見或行為，這也是直接給對方的回饋。教導者和模仿者能形成教學相長的互動關係。

鈴木先生的身旁總是圍繞著比他年輕許多、價值觀迥然不同的人。十年前有好幾個像我這樣的團塊※世代子女在鈴木先生身邊工作，現在則是三十歲上下的工作人員，或是他相當器重的外部合作夥伴，近年來甚至與遠在泰國的年輕人有所交流。

由於和自己不同世代，而且屬於不同類型，因此讓能率直坦白提出意見的人待在身邊，能夠積極接收年輕人的意見，也能因此跨越世代間的鴻溝。

※譯注：「團塊子女世代」指的是日本在一九七一年到一九七四年間出生的世代，是戰後第二次嬰兒潮。他們是「團塊世代」的孩子，因此被稱為「junior」。

坦率正是才能

我現在負責的製作團隊中，特別安排了二、三十歲的數位原生世代（Digital Native），他們充滿活力、擁有新價值觀，總是接觸著最新資訊，因此經常為工作激盪出驚艷火花。我深信，這群即使被批評，仍然願意追隨、坦率真誠的年輕人，值得我們傾囊相授。他們無比聰慧可愛、自尊強，卻容易封閉在自己的價值觀中。

無論接受教導或學習，都需具備模仿才能，而這必須建立在坦率之上。

若說平庸的我有什麼天生才能，大概就是比別人更直率，應該是這個原因。

「捨棄自我」雖然聽起來有些負面，但換個說法，「總是很坦率」、「總是敞開心胸」或許能更貼切地表達出真意。

四、如影隨形地緊跟所要模仿的人

有些事只有在一流的人身邊才觀察得到。

糾纏不休，不放棄地緊迫盯人

和鈴木先生初次見面，是在一九九八年夏天結束，吉卜力工作室最後一次面談之際。

當時吉卜力工作室正在製作高畑勳導演的《隔壁的山田君》，我去應徵執行製作，也就是負責作品時程進度管控的工作人員。其實之前我曾應徵吉卜力而落選。那是《魔法公主》上映後，宮崎駿開設的導演培訓班，收到落選通知函時的衝擊，我至今仍記憶猶新。但我實在無法放棄，每天都瀏覽吉卜力工作室的官網，最後終於讓我找到了中途錄用的招募訊息。

在那之前，我一邊擔任真人音樂錄影帶的副導，一邊環遊世界。也就是所謂的背包客。履歷表上寫的是一篇題為「最近所看的電影」的作文（我記得是伊朗電影

《白色的汽球》），經過製作部長、面試官的面談後，才是鈴木先生的最後面談。

《魔法公主》上映後，發售了《「魔法公主」是這樣誕生的》紀錄片，我是從這部紀錄片得知有關鈴木先生的事情。現在業界活躍的同世代創作者、製作人，應該沒有人不曾受到這部紀錄片的影響吧？

天才導演宮崎駿誕生故事的思考過程，以及現場緊張的氣氛當然很刺激，但最終章「超過紀錄的日子」，密集採訪公開前後的鈴木先生，能藉以得知製作人的工作實質內容，更是十分寶貴的影片。

當時三層樓建築的吉卜力二樓，在製作部後方，有一個稱為「金魚缸」的玻璃小會議室（現在已經拆除了）。我待在金魚缸裡，等著吉卜力工作室的頭頭。

隨著踩著樓梯的趴嗒趴嗒聲響，數不清看了多少次的《「魔法公主」是這樣誕生的》中的「那個鈴木製作人」進來了。

「啊，是你啊。」

我抑制住緊張的心情，站起來行禮，報出自己的名字。

「好，好。先坐下。」

鈴木先生看了一下履歷表，大大挑著左右眉毛，咚咚地敲著香菸，問道：「怎麼？你在國外待的時間很長嗎？」

一陣難以形容的聲音在房間迴盪，既高亢又低沉，既像美聲又像嘶吼，聲帶震動得格外劇烈。實際拍攝現場經驗少得可憐的我，只有兩年期間的海外浪跡生涯是屈指可數的「賣點」，我幾乎迫不及待地開始高談闊論海外的經驗。

「那麼，你說說看，你又了解多少非洲的現況呢？」

鈴木先生一邊抖著腳，一邊吐著煙圈，劈頭問道。他輕蔑的口吻，使年輕氣盛的我，瞬間血氣沖腦。

我去過非洲很多趟，自認對當地情況知之甚詳，於是開始侃侃而談當地的政治狀況及戰亂留下的傷痕，但鈴木先生卻一口咬定：「不，你看法太膚淺了。」

他不由分說地壓制人的強大氣場，為不認輸的我火上添油，後半段的討論幾乎演變成激烈的爭論。「砰！」地一聲拍桌子的巨響，我也在這時第一次見識到鈴木先生震懾人的怒吼，凡是曾經惹怒過他的人，想必都經歷過這種令人膽戰心驚的場面吧。

但儘管我們吵得面紅耳赤，但鈴木先生卻一副老神在在地拋下一句「好啦，那就加油囉～」颯爽地離開。他的背影，深深烙印在我的腦海裡。事後回想起來，他那種不記仇的豁達，真是帥到不行。

「請用咖啡。」

不久，我收到錄取通知，加入夢寐以求的吉卜力工作室。配屬到高畑勳導演的《隔壁的山田君》製作部門。

我以執行製作的身分參與動畫工作，但進公司沒多久就在製作部被視作問題兒童。

動作製作從企畫到完成，往往需要耗費兩三年的時間，負責行程管控的執行製作這個職務，和真人電影的拍攝現場截然不同，我的工作就是「等」。我受不了光是在位置上等待，總是跑到動畫師家裡去找他們，或是在書店看書而大幅超過午休的時間，幾乎要被通知「不適合執行製作」而遭開除。

我和鈴木先生從面試那天之後，並沒有充分交談的機會。

進公司兩月個後，一九九八年的除夕夜，我正在製作部等著年度最後一個畫面結束。鈴木先生走進來，突然開始打掃。

鈴木先生打掃完後，帶我到小金井公園附近一家漢堡排餐廳。我當時很緊張，完全不記得自己說了什麼，但鈴木先生突然用響徹店內的聲音大喊：

「真是世事難料啊！」

接著便鑽進深藍色福斯Ｇｏｌｆ的公司車，前往市中心參加會議。

果然，鈴木先生真是帥呆了……

因為多少都想更接近鈴木先生一點，所以負責為大家倒咖啡的工作人員回家後，我總是找藉口留到深夜，端咖啡到鈴木先生的辦公室。

鈴木先生的身邊每晚總是聚集很多相關從業人員，他們圍著海報、報紙廣告案，激烈地討論到深夜。從預算、製作行程管理、宣傳策略的擬定、預告、報紙廣告創意等，對各種不同事宜進行意見溝通。

我以「請用咖啡」的藉口，多次溜進深夜的會議室，偷聽會議中的談話，並為「原來電影監製需要如此面面俱到地顧及整部電影」而感到驚訝不已。

雖然幾乎要被加上執行製作失格的烙印，但我依然不斷提出「想在鈴木先生底下工作」的意願，因為我深信這個願望一定會實現。

呼叫鈴響個不停的每一天

關鍵的命運之日終於到來。

一九九九年五月下旬，《隔壁的山田君》製作突破重重困境，終於完成。鈴木先生把我叫了過去，說道：「你今天開始跟著我工作，麻煩你了。」

那一刻，我感覺全身的細胞似乎都在沸騰，彷彿一股電流通過全身，頭髮都豎了起來。一股強烈的、像是甜美果汁般的味道，瞬間充滿了整個口腔。

我終於可以追隨鈴木製作人，在他麾下工作了。

之後我全天待命，全力輔助鈴木先生，從清晨到深夜，參與大小會議，負責行程安排、會議記錄及大量的聯絡協調工作。

由於必須隨時回應鈴木先生的指示，所以我的桌上甚至設置了專用的呼叫鈴。只要鈴木先生辦公室按鈕一按，我桌上的呼叫鈴就會響起，而我必須立刻飛奔到他的辦公室。呼叫鈴整天嗶嗶響個不停。

雖然身邊的人都說，「會不會太頻繁了？」但我卻甘之如飴。

把想做的事化為言詞，持續說出來

常有人說「只要化為言語就會實現」。我對此深信不疑。如果只是在腦袋空想，萬事皆無從開始，透過言語讓心願具體實現，我身邊那些能夠實現意想不到願望的人，都是會把目標和想做的事經常說出口的人。

當時的我只是直率地把「想在鈴木先生底下工作」掛在嘴上，沒有任何其他的盤算或出人頭地的想法。現在還是一樣，當我不斷地表示「想這麼做！」周遭的人就給我機會，「那就做做看吧！」這也讓我因此能懷著「已說出口了，所以不努力不行」的決心，由此可見把想做的事說出口極為重要。

當自己到了稍微高一點的立場時，「年輕人更要清楚把想做的事說出來」的想法愈為強烈。

年輕人若是願意說出「我想這麼做」，能培養更多寶貴的經驗，這是件令人開心的事。我也會盡力支持他們：「那麼，就去試試看吧！」

人生中，能讓人著迷、感動，並視為師長般敬仰的人物，並不多見。若是遇到了這樣的人，不妨拋開羞恥心和面子，如影隨行。因為一流的人物，必定擁有一流的工作技巧，這是他人無法複製的。

五、要模仿什麼人？

面對自己的「不安、不滿」，就能發現模仿的對象。

沒有想模仿的對象時，該怎麼辦？

我經常被邀請分享有關鈴木先生的一些生活軼事。

這時對方常會說：「能夠有這個機會真好，真是幸運呢！」

確實，能和鈴木敏夫這樣超一流的製作人共事，直接獲得工作訣竅的真傳，只能說我的運氣好到令人難以置信。

但我個人也自信為了能夠擁有這些難得的機遇，付出了相當多的努力，所以對方說我「運氣真好」時，我也常會心想，「為了能夠獲得這樣的機遇，我也付出了不少代價」。不過，不過，我也承認，人與人的相遇，有時確實無法選擇。

那麼，若是身邊沒有你所尊敬的人，或是你想以他為目標的人，該「以誰為榜樣」、「如何模仿」才好呢？

試著面對內心的騷動

我不時會遇到「今後我該怎麼辦？」的挫折難關。

這種時刻，我必須面對內心一股膨脹、惱人，令自己作嘔的不安。

如果一整天都沉浸在這樣的情緒中，我會十分沮喪，所以我決定給自己三十分鐘專注的時間。

通常我會窩在棉被裡，面對內心的不安或不滿，直到汗流浹背。在這樣的「不安、不滿」當中，潛藏著自己應當學習、模仿的對象。

舉個例子來說，假設你對現狀感到不滿足。以我來說，可能是企畫案無法定稿、嘔心瀝血的作品卻賣座不佳的時候。

假設心理為當下的自己找藉口，「我製作的並非迎合大眾低俗口味的作品」、「即使追求票房，也無法誕生在歷史上留名的傑作」。

然而，內心卻始終無法平靜。這只不過是對現狀的合理化藉口罷了。

我把這樣的狀態稱為「內心騷動狀態」。這時正是絕佳機會，因為其中隱藏著「自己真正想要的是什麼」。

了解內心騷動的根源後，接著就開始尋找現實中已實現目標、獲得成就的人。

若是企畫案無法通過，就去尋找能決定企畫案的人。

希望作品暢銷，就找出創造熱門作品的人。

那樣的人正是「你應該捨棄自我去模仿的對象」。比起尋找尊敬的人或憧憬的人，這樣做要快得多。如果在業界累積了一定的經驗，接近擁有你想要東西的人應該不會太難，公司內部或身邊應該就有這樣的人吧。

接近會刺激你、令你覺得自卑的人

在某一次「內心騷動」之際，我決定的模仿對象是川村元氣。他是東寶電影公司的製作人，推出相當多熱門大作，就作家身分來說，他也連連撰寫出暢銷作品，站在他面前，我總是忍不住感到自慚形穢。

過去雖曾與他有一面之緣，卻從未共事過，但他始終是我心中難以忽視的。我曾試圖將他從腦海中驅逐，但愈是努力，愈感覺困在狹隘的自我牢籠之中。

於是，我決定正視對川村元氣的自卑感，並開始著手進行企畫。

最初，在一起參與劇本會議時，我就直覺地感到，他做事有一套堅定不移的方法。於是我開始把他的所有言行一五一十記錄下來，並加以分類。

我徹底鑽研川村先生感興趣的書籍與電影。試著徹底研究他的思考模式、甚至連會議進行的方式都仔細觀察模仿。

半年後，我感覺到，原本心中完全不存在的、未知的自我，正逐漸茁壯成長。

這個「未知的自我」，不光是模仿他而得到的「嶄新自我」，更重要的是，我開始明白自己並不具備他那樣的天賦。我清楚地看到了自己的不足之處。在那瞬間，我在些許絕望中開始燃起希望，這是「捨棄自我的工作術」中最關鍵的分歧點。

我因為後者而內心澎湃。

「雖然我無法像他那樣，但我已經掌握了他的思維架構。只要善用這個架構，並充分發揮在我擅長的領域即可。」

透過捨棄自我並模仿，將自卑感轉化為其他讓自己成長的養分。

現在的我，不再是對著川村元氣感到自卑的過去的我。我們互相了解彼此的優缺點，成為了能夠在執行專案前，互相討論的夥伴。

把嫉妒和自卑感轉化為能量

我總是很羨慕別人擁有我所欠缺的才能。

如果單純羨慕就罷了，嫉妒、批評當事人的情緒也會逐漸膨漲，我很討厭這樣的自己，何況暫時批評他人，有時也是在欺騙自己的心情。然而，這種「負面」的能量很強烈，會傷害自己與其他人。

如果嫉妒他人，只要去模仿當事人，複製對方的技術就好了。

而且，這個做法的「好處」，就是透過模仿，可以得知當事人有多努力。

你將會明白：「啊，原來他並非天才出身，而是經過思考、煩惱與努力走來的。」

偶爾也會有「咦？原來他跟想像中不太一樣，或許我能做得更好」的情況。

如果害怕傷了自尊心而避開對方，那麼逃得愈遠，對方在你的內心占據的空間將愈龐大，自卑感將更為強烈。

不擅與對方相處的人、討厭的人、讓自己的內心充滿不安的人。但卻擁有自己欠缺的某些特質的人，只要是身邊的人就好。

強烈建議你嘗試去模仿這樣的人。

六、先從模仿外型開始

思考無法模仿，試著先從模仿行為開始！

徹底清空自我，融入他人

思考應當模仿什麼對象時，建議可以先從「形式」著手。

也就是說，不是去模仿對方的「觀點」或「思考模式」。

舉例來說，當我們閱讀思想或商業書籍，學習新觀點或新思維時，可能會在閱讀瞬間產生「原來如此！竟然有這樣的觀點！」「或許人生將因此而改變」等想法。但是，這種心情激盪，往往只能持續到閱讀後的三十分鐘左右。

人的思維慣性，並非一朝一夕就能輕易改變。大腦的運作模式，也無法僅憑閱讀幾本商業或思想書籍，就徹底脫胎換骨。

我所說的「形式」，指的是外在的行為、穿著、隨身物品、說話方式等。

如果以運動來比喻，或許更容易理解。無論是棒球的揮棒練習，或柔道的反覆練習，都是先從「型」深深融入身體開始的。

前幾天，我開始著手一個新專案。

每當接手新工作，我都會從專案團隊中尋找值得模仿的對象，然後盡可能地複製對方的言行。

這次的專案中有一個極其開朗的製作人參加，我雖然也算是能炒熱現場氣氛的類型，但這位製作人還是令我甘拜下風。他總是買來美味的零食，分送給現場的每一位工作人員。

「真厲害！居然有人比我更會帶動氣氛。好，這次就拿他當模仿對象！」

我立即在其他現場，和這個人採取同樣的做法。我買來點心分送給工作人員，使用比平時更大的音量（雖然我平時音量已經夠大了），為大家炒熱氣氛。總之，就是徹底模仿他的言行舉止。

然而，當我實際嘗試時，卻發現這並非易事。我無法時時刻刻都將情緒維持在高昂的狀態，尤其是在情緒高點時，很難對工作人員提出嚴厲的意見。

這種互動模式，除了是那位製作人經年累月所養成的一種獨特才能，或許也是他用來武裝自己內心的一種保護機制？

在那一瞬間，我心中浮現一個想法：

「這種模式之所以讓我感到痛苦，是因為它並不適合我吧？不，或許也不全然是這樣。或許他也在努力維持這種狀態，只是稍微有些勉強？」

後來我向對方表達由衷敬意，並且坦言：「雖然試著模仿，但真的非常困難。」

結果對方坦率地表示：「我平時也不可能一直都維持這麼高亢的情緒，自然也會有很煩惱的時候。」

這是我在將對方融入自身之前，未能察覺的事。

如果以原原本本的自己來面對對方，先捨棄自我，試著完全變成對方，才能理解到更接近本質的真相。

總之先放手一試，不要過度思考，只要是你認為很出色的人、讓你自慚形穢的人、令你覺得無法超越的人，試著去模仿他們的「形式」。

把自己清空，親身去體驗。

然後，自然會留下對你有用的，並慢慢捨棄那些讓你彆扭、不自在的部分。

最不可取的，就是武斷地認為「我和他不一樣」，內心總是懷著自卑、不如對方等負面的情緒，而在原地裹足不前。

模仿並非「覆蓋」

《北斗神拳》是一部經典少年漫畫。

故事背景設定在世紀末，描述承襲一子單傳的「北斗之拳」奧義的傳人拳四郎，如何打倒強敵，成為救世主的故事。

這部漫畫有個有趣的設定，拳四郎能夠將戰鬥過的對手的力量，以「強敵（友）」的形式，吸收到自己體內。

我所說的「模仿」更近似這樣的狀況。

工作，就是一趟跨越強勁「敵手」（並非指生意上的仇敵，而是足以稱為勁敵的良友）的旅程，並將對方的力量融入自身之中。

「拋棄自我的工作術」並非抹去原本的自己，將模仿對象「覆蓋」上去的工作術。而是穩固自身力量，讓原本欠缺的能力逐漸增加，這才是終極的「奧義」。

將身體視為「軀殼」

人們自古就常說我們的「身體（からだ）」只是一副「軀殼（から）」，與「空（から）」這個詞息息相關。

平時，我們的身體，也就是軀殼，充滿了「自我」。如果身、心能夠維持平衡也就罷了，當失衡時，我們就很容易陷入極度的不安和憂鬱態。我總覺得，這就像是一種無法肯定存在於自己這個「軀殼」中的「自我」的狀態。「尋找自我」這種說法，證明了實體上「自己」雖然存在，但因為無法自我肯定，因而產生一種追求「非此處而在某處」的心理狀態。

正是在這樣的時刻，更應該將自己這個「身體＝軀殼」的內部清空，嘗試接納他人。佛教中所說的「空」，或是禪宗中的「無」，或許指的就是這種狀態。

「捨棄自己，模仿他人」，新接納的「內在」與至今為止活著的自己是不同的東西，所以不可能完全契合。

不論對鈴木先生、菅野先生或川村先生，我都以相同方式嘗試與他們接近。

先把自己清空後試著模仿他們。

其中仍遺留內在的，屬於「必要」，至於難以融合的，就毅然決然捨棄。

這麼做的結果，就能自覺原本所擁有的「核心」，踏出嶄新的一步。

你的「核心」是什麼？

我們與生俱來的這個身體，這個「軀殼」，在幼年時期，以父母和家人建構的小小世界為「核心」，開始成長。在此讓我談一下我的「核心」。

我出生於東京都江戶川區。

雖然父親是大學教授，卻從小就告誡我：「不必進大學。現在的時代，大學只是一個猶豫期，早早投入社會這個大學堂學習吧！」

父親甚至給還是高中生的我一筆「研究費」，讓我可以用於透過書籍、電影來充實自己。

高中畢業後，我使用儲存的「研究費」展開環球之旅。我從北美洲出發，一路行經中美洲、南美洲、非洲、中東、印度、中國、東南亞等各大洲，花了兩年完成一趟世界一周的壯遊。雖然沒上大學，卻獲得十八歲環遊世界的寶貴經驗。

我的父親，是一位完全不汲汲營營於名利地位的人。我從未在他身上感受到對功名利祿的追求。令我印象最深刻的是，他退休後，曾有人力薦他出任一所一流高中的校長，但他卻斷然拒絕。

母親是全職的家庭主婦。她個性溫柔婉約，全心全意支持著嚴厲的父親。母親尤其樂於助人獲得幸福，不論走到哪裡都能立刻和人打成一片。

前些日子，我和三十多未見的家鄉同學碰面，同學告訴我：「我正煩惱不已時，在路上巧遇石醬（我的別號）的媽媽，跟她閒聊幾句以後，我的煩惱瞬間煙消雲散，從那時開始積極面對我的人生喔！」聽他這麼說，讓我十分訝異。

或許我的「核心」便是來自於此，也就是我的父母。

我繼承了母親開朗的性格，能輕易地與人交朋友；而父親的諄諄教誨，則引領我投入影像創作的樂趣。

然而，隨著年歲漸長，我迷失了這個「核心」。在高度資訊化、複雜化，物質富饒的這個世界，我們的「殼」也塞滿了森羅萬象。「究竟什麼是自我」的自我探索旅程中，所獲得的「強烈自我意識」，反而成了遮蔽「核心」多餘的累贅。

鈴木敏夫這位擅長看穿本質的高手，徹底粉碎我多餘的自我意識，讓我從父母親那裡承襲的「核心」重見天日。

「持續三年期間捨棄自我，盡力模仿他人，直到你覺得再也無法模仿時，你的個性就成形了。」

這是我在「前言」中介紹，鈴木先生說過的一句話。「再也無法模仿時」，應該就是「核心」部分吧。現在回想起來，正因為捨棄自我，模仿他人，所以才能真正認識自己真正的「核心」。我認為這正是鈴木先生企圖指導我的道理。

常有人問：「人生的目的是什麼？」

我的人生目標是——

「盡可能在有生之年遇見才華洋溢的人，模仿對方在工作上的魅力，化為己用，在嚥下最後一口氣前，高喊『人生真是太有趣了！』」

我十分期盼，從鈴木先生等前輩習得的理念，能成為年輕世代的養分，繼續傳承到下一個世代，那將是我無上的喜悅。

雖然連續談了許多抽象的概念，但「捨棄自我」的線索，首先在於「從形式開始」，試著模仿外在的「形」。

在模仿的過程中，無需因為「模仿」這個詞彙而抱持任何負面的自卑心態。只需專注於對模仿對象的敬意，靜靜地讓這份敬意融入你的「軀殼」之中。

七、採取被動而非主動

成為他人的需要而非自己想要。

世界上有兩種人

鈴木先生總之是一個和我個性完全相反的人。

與他在媒體上展現的熱情形象大相逕庭，私底下的他，幾乎從不流露任何激情。初識之時，我對這一點感到非常不可思議。這位將吉卜力工作室帶領至如此龐大規模的製作人，總覺得令人感到有些冷淡。

我不曾聽過鈴木先生說出「總有一天想做這樣的事」、「這是我人生的夢想」等有關夢想或願景之類的話語。

以前我觀看紀錄片節目《情熱大陸》對鈴木先生的專訪時，忍不住脫口而出：「鈴木先生和『情熱』完全沾不上邊，節目應該改成『非情熱大陸』才對！」當時鈴木先生也笑著說：「這樣確實比較貼切！」那的確是我發自內心的真實感受。

鈴木先生常說，這世上可分為兩種人。

一種是對人生懷有夢想與目標，朝向夢想與目標努力前進的類型。

另一種是沒有特定目標，但專注於把眼前事情做好的人。鈴木先生常說他認為自己就是屬於後者這個類型。

我自己則屬於前者。從孩提時起，就總是設立某個目標，總認為懷著目標而努力前進比什麼都重要。或許是受到時代和教育的影響，我的兄弟姊妹也幾乎都是同一個類型。這可能與成長環境有著密不可分的關係。

無論是在學生時期或打工時期，別人總是稱讚我「個性積極」，我也認為那是自己的優點。然而，鈴木先生卻是先批評了這一點。

收到指示才行動、接受委託才執行

鈴木先生總給人一種慢條斯理，不太積極的感覺。他往往需要旁人催促：「鈴木先生，差不多該……」才開始行動。但開始行動後，思考及工作都很嚴密快速。

其實不僅鈴木先生，高畑先生和押井先生都是「因為有人拜託才執行」、「因為情況變成那樣了才行動」的類型。令人意外的是，有很多創作者都會毫不避諱地公開表示「因為被需要了才做」。但就是這樣的人，反而創造出令人驚艷的工作。

從吉卜力動畫女主角身上，學習認識自我特質

鈴木先生常以吉卜力作品中的女主角為例，說明世上分為這兩種人。一是《心

之谷》的月島雫，一是《魔女宅急便》中的琪琪。兩人都同樣是青春期年齡的女生。

從喜歡琪琪或月島雫，可以看出一個人的類型和人生價值觀。答案大致如下：

對於將來懷抱夢想而努力前進的類型是「月島雫型」。

相較於夢想或希望，努力將眼前工作做好的類型是「琪琪型」。

我不清楚鈴木先生曾問過多少他身邊的人、訪客（尤其是年輕人）這個問題。這個問題的目的，是他想告訴對方，人生有遠比夢想或希望更重要的事。

如果答案是月島雫的人，會聽到也許感覺有些刺耳的話。

「我比較喜歡琪琪。月島雫不是決定想要成為小說家嗎？她是因為看到心儀的男生以成為製作小提琴的職人為目標，受到影響而訂了自己的目標。但月島雫並不是很清楚自己是否擁有這樣的才能。月島雫把所寫的小說交給西司朗爺爺看，爺爺對她說『妳是一塊原石』。其實這句話很不負責任。要是後來月島雫發現自己並沒有寫作才能，可能會因此十分痛苦。」

至於《魔女宅急便》的琪琪，鈴木先生則是這麼說的——

「琪琪所承襲的『魔女』是來自母親的血緣。琪琪思考了如何發揮與生俱備的才能，因而決定『魔女宅急便』的工作，當中她歷經了挫折，甚至一度飛不起來，然後透過與其他人的因緣際會與學習，再度能夠飛行。環解自己具有的特質，思考如何發揮運用，一步一步扎實地往目標努力，所以我更偏好琪琪的生存哲學。」

我當時聽到這番話時，頓時覺得自己的生存方式似乎遭到否定，覺得很不舒服。懷抱夢想或希望，絕對不是壞事。

但是，能否實現夢想，以及是否能朝夢想一步一步努力而獲致成功，和當事人原本具有的特質（前文提及的「核心」）有很大的關係。如果無法接受這一點，可以說人們就很難真正地往前邁進，就是這個故事所要傳達的訊息。

受鈴木先生影響，我不再常常談起未來夢想，而專注於完成眼前工作，每天踏實前進。這讓我生活更充實，也減少了如「為何要做這種事？」或「是否該做更有意義的事？」等自我糾結的煩惱。

嘗試順應要求而行

從我的經驗來看，堅持去做那些別人沒有要求，但「自己想做的工作」，成功的機率往往相當渺茫。

就連各位正在閱讀的本書，也是承蒙編輯邀約，讓我心想——

「既然有這個需要，我就試試看吧！」

因而開始寫作本書。無論是文章結構或寫作方式，都並非我事先構思，不論是結構或方法，都不是我先構思的，而是全權委託編輯負責。

那是因為我在與許多創作者合作的過程中，深切體會到：固執於原創或個人風格的人，反而難以創作出引人入勝的作品；而那些廣納製作人或相關人員意見、積極吸收他人創意的人，儘管表面上看似缺乏自我，卻往往能創作出更為出色的作品。我親眼目睹太多這類的狀況了（像應聲蟲一樣唯命是從的人，則另當別論）。

「順應要求，嘗試看看也無妨。」

這就是「捨棄自我的工作術」的基本思維。

為了「捨棄自我」，每天的自我提醒

二十多歲還年輕氣盛的我，整天被鈴木先生耳提面命「捨棄自我」，因而學會客觀接納多數人的意見，體認到事物的多樣性。也領悟到不是靠單打獨鬥，而是透過團隊合作完成任務的樂趣。

三十多歲獨立自主後，再度犯了「自我中心毛病」的我，重新藉著捨棄自我中心的思維，透過嘗試去做別人要我做的工作，因而結交許多工作夥伴，瞭解自己存在的意義與價值。

我總是每天提醒自己──

「模仿比自己優秀的人，藉以了解對方與自己。」

「比起主張自己的意見，更重要的是專注聆聽，從對方言談中提取重點。」

「多多思考能做到什麼，而不是想做什麼。」

「要具體決定交給團隊中的哪個人去做，而不是親自去做。」

即使如此，有時依然會因為太執著自我，犯了「我認為應該這樣」的毛病。這種時候提醒自我最關鍵的一句話是──

「日本那些最厲害的人都捨棄了對自我的執著，所以除此之外別無他法。」

第 2 章

【實踐篇】

鈴木敏夫傳授的放下自我工作法

一、如何書寫表情達意的文章

先從排除抽象表現開始。

前面說明了「捨棄自我」，徹底「模仿」他人的方法等經驗。這些如果以運動或武道（日本武術）來說，就像是學習「型」的階段。

當充分學會了「型」，接下來便是實踐了。鈴木先生所教我的，總是非常具體。

這一章我要介紹的是，離開鈴木先生後，真正能成為「武器」發揮運用的方法。徹底複製、重複反省直到成為自己的血肉。

鈴木先生指導我的工作方法中，最重要的一個方法是書寫文章的技巧。

在製作電影的現場，會產生企畫案、腳本、製作狀況報告、宣傳等數量龐大的文章。

這些文章的共通點，就是「必須告知某人某些事項」。

光是寫出來並不夠，如果不是一篇「打動人心」的文章，就失去工作意義了。

從捨棄主觀開始

一再被耳提面命，記錄下來的「鈴木敏夫語錄」如下。

- 文章務必具體。致力於描寫客觀情境。
- 情境描寫愈有臨場感，讀者愈容易想像故事的發展和背景，並產生共鳴。
- 極力避免直接書寫主觀與個人的觀點。
- 不要做了無新意的總結，而要注重文章中「特有」的觀察和情景描寫。如果非得總結，也要讓總結具有「獨特性」。
- 最忌諱的就是進行陳腔濫調的總結。

鈴木先生以《天空之城》為例具體說明。

「如果寫的是『夢想與冒險的故事』，會是什麼結果呢？這樣的文案幾乎可以套用在任何電影中，看到的人腦海中只會浮現一個概括印象。但是，如果寫的是『巴魯與希達前往浮在天空之城拉普達』，雖然只是描寫出既有的情景，卻能表達出這是一個『夢想與冒險的故事』。」

鈴木先生讓我學會丟掉抽象的表現，只是組合既有的表現與詞彙，就能讓閱讀者或聽眾擴大想像。

想傳達的事情＝決定主題

首先，在書寫文章時，必須確認想要傳達的事情，也就主題要明確。

「想說的是什麼」，先確定好主題。

只不過，要訂定主題並明確化十分困難。

鈴木先生曾教我如何訂定主題。

「一開始先把自己當下所想的、所要講的內容內容一一寫在紙上，就算很籠統也沒關係。寫好以後，讓頭腦冷靜一下，客觀地重新檢視寫下來的內容。然後再把這些內容分類歸納。寫最多的項目，就是自己現在最想說的事情，也就是主題，其他附帶的較小分類，則是所要表達主題的相關要素。剩餘不相關的就刪掉。」

「整理好之後，再依照『起承轉合』寫下來。」

重視起承轉合

「如果能把內容依照『起承轉合』分類，前面再加上『暖場』就更好了」，鈴木先生希望我在寫作文章時，能以下的結構為目標。

透過「暖場」，挑起讀者興趣；

透過「起」，點明文章的核心主題與主旨；

透過「承」，對主題進行更深入的闡述與探討；

透過「轉」，先舉出乍看之下毫無關係的其他話題，製造轉折；

透過「合」，串連所有內容，作出結論。

先動筆寫下來

每當開完會，我回到座位急著想要立刻寫下來時，鈴木先生總是告誡我，「不要急著立刻用電腦整理」。

面對電腦敲著鍵盤時，很容易產生自己在工作的錯覺。一不小心可能花了好幾小時在同一篇文章寫了又刪、刪了又寫，不知不覺中一天就過了。

寫文章時，先打開筆記本，針對「要寫什麼」先寫下簡短的句子。

這時候的訣竅，是「暫時」也無所謂，先寫下起承轉合的「合」，也就是先寫下結論。但是，不需要被這時寫下的結論束縛住。

接著，針對結論，思考什麼樣的「暖場」適合推定的目標讀者。

如果缺乏「暖場」，一開始從「起」開始寫起，文章讀起來會給人一種距離感，透過「暖場」，可以讓讀者先放鬆心情，再從「起」進入正題。

鈴木先生寫的文章十分簡潔。他擅長運用簡短的句子，每一個詞彙都簡單扼要，幾乎不使用形容詞，每個句子都如同廣告文案般，沒有贅詞冗言。

當然，並不是說這就是唯一的正確作法。只不過，鈴木先生身為編輯、製作人，他追求的不是自我表現，而是將「傳達給他人」的文章，發揮到了極致的一種境界。

父親的教誨

我在孩提時，身為學者的父親，就不斷地告誡我「一切都是從言語開始」，耳提面命言語的重要性。從小學時起，就訓練我以川喜田二郎（Kawakita Jiro）提出的「KJ法」，把思考內容整理在卡片上，然後從中思考邏輯性。

有一天，我被父親叫到書房，他要我讀一篇名教授的文章。那篇文章十分難懂，我絞盡腦汁才勉強讀完。父親注視著我，問道：

「知道寫什麼嗎？」

「太難了。我看不懂。」

「看不懂沒關係。大學論文幾乎都是把沒什麼大不了的事情，寫得好像很艱深難懂。你絕對不要寫出這樣的文章。」

工作是藉由言語來推動。

當要推動新的專案時，如果在傳達「接下來該做什麼」，卻花了冗長的時間說明，無法打動工作人員的心。

當發生什麼問題之際，如果不以言語說明該怎麼處理，問題就無法解決。

如今，鈴木先生說了幾百次的一句話，依然在腦海中迴盪。

「你想說的是什麼？如果用一句話表達，會是什麼？」

《聖經・約翰福音》第一章第一節所寫的「太初有道（ｗｏｒｄ）」，我想工作也是相同的，不論做什麼樣的工作，一開始先要做的，就是言語的產生。

將包羅萬象的大小事物，都盡可能以簡潔的言語表現，就能磨練出讓對方「信服」的能力。

雖然很困難，但我總是謹記在心。

二、控制怒氣的方法

囤積怒氣，成為可用的「武器」。

將怒氣控制在十個等級之內

我向來是一個容易情緒化的人。

在鈴木先生手下工作時，我經常因為挾於各方之間，感到左右為難而怒氣沖沖。

鈴木先生在指導我工作時，雖然會嚴厲指責。但是，我卻很少看到他對於工作上的合作對象大發雷霆。

有一次，某家公司的人，突然聯絡我們說，原已敲定的合作項目臨時取消。

我因為對方的出爾反爾而義憤填膺，怒火完全寫在臉上。

我原本以為鈴木先生也絕對無法容許這樣的狀況，沒想到鈴木先生卻面不改色，還是如往常般淡定說道：

「哎呀，人生就是有各種意外嘛！」

他說完後，要我離開他的辦公室，接著便打電話給那位負責人。

事後我得知，對方不僅支付應有的賠償金，而鈴木先生也成功取得下一次合作的主導權，讓我不由得佩服，「真不愧是鈴木先生！」

後來我被鈴木先生叫到辦公室，鈴木先生一如往常，一面優雅地將菸葉塞進菸斗，一面抬眼看著我說：「石井老弟，你總是太容易動怒了。你這樣一天到晚發脾氣，會很累喔！」

我當時對於鈴木先生這番話感到惱怒，至今仍記憶猶新。

「但錯在對方不是嗎？明明都已經談好預算和製作了，這要我怎麼向工作人員交代？」

鈴木先生笑著對滿腔怒火的我說道：

「那麼，這次的事情，和這一年當中發生的其他問題相較之下，你認為嚴重程度如何呢？」

當時我們正在製作長編作品，現場每天都會發生各式各樣的問題。

「……嗯，相較之下確實是沒那麼嚴重。」

我不禁這麼回答。

「對吧？記好了！人生中真正值得動怒的事情，一年中最多兩次左右。」

鈴木先生提高音量說道，接著向前傾身，繼續說道：

「石井老弟，從今天開始，把怒氣分為十個階段。當你覺得火冒三丈時，想一想，現在的怒氣在一年當中，大概是落在哪個等級。通常你會發現，大概就是在一或二的程度而已。這種時候，不要感情用事，也不要表現在臉上，以冷靜的態度去應對。」

「不過，一年當中可能會有兩次，是你真的必須動怒的時候，那時候決定應該動怒，表現出你的怒氣是為了能讓事情有進展。如果只是一味發脾氣，於事無補。」

向來奉行合理主義的鈴木先生，竟然連生氣這件事都要加以控管。這實在令我大開眼界，但試著模仿後，我發現他這個做法非常實用。

囤積怒氣，用在刀口上

在一年當中，真正必須動怒的瞬間，最多兩次。

正如鈴木先生所說，我因此察覺到自己常為小事動怒。

不要被情緒左右，應該將怒火轉化為推動行動的力量，這才是健康的做法。

讓每天湧現的這些大大小小的怒氣，成為累積的經驗值，然後在時機來臨時，用在「必須動怒」的時刻，發揮最大效用。

最近我從一位曾與鈴木先生共事的工作人員那裡聽到一件事。據說是從以前就是問題人物的某位客戶工作人員，在合約結算時發生的插曲。鈴木先生召集了所有相關人員，充分了解該人員一再反覆發生的問題行為及事實真相後，他說：「好，那麼差不多該發脾氣了！」

《魔法公主》中的主角阿席達卡曾說這一句這樣的台詞。

「你的內心有夜叉，她的內心也是。大家看著，當一個人內心充滿仇恨，就會像這個樣子，肉體被腐蝕，生命被死亡詛咒，我們不要再讓仇恨侵占心靈了。」

究竟是要讓怒氣侵蝕自己，還是把怒氣變成自己的武器，關鍵全看自己。

三、創造留白

整理清掃能提高工作品質。

以自我為中心來決定行程表

我擔任鈴木先生的行程管理有一段很長的時間。

《神隱少女》大為賣座，之後從《貓的報恩》到《霍爾的移動城堡》，鈴木先生的行程表總是排得密密麻麻。

雖然我不敢說自己幫了鈴木先生多少忙。但在行程管理上，我確實完成了龐大的工作量。

鈴木先生的行程表，都是直接用筆寫在每個月一張的月曆上，現在依然一樣。

和鈴木先生約見的人，來自四面八方。新的專案、相關人員、工作人員……如果是宮崎導演突然進來辦公室找他談話，可能一下子就耗掉了一、兩個小時，導致之後的行程大亂更是家常便飯。顧此失彼的結果，搞到我幾乎神經衰弱，我去找鈴木先生，豎白旗投降：「我沒辦法！」

結果鈴木先生一如往常，面不改色地說：「你在說什麼？我的行程表是由你管理的，你就依照你喜歡的去決定不就好了嗎？」

腦袋處於打結狀況的我，完全無法理解鈴木先生的意思。就算他說由我決定，總不可能刪減專案數量，為了讓工作順利進行的重要安排，一定要先如同拼圖一一拼湊起來才行不是嗎？

「行程安排，本來就應該依照自己的狀況來決定，因為這是你的人生。」

「常有人會要求多給幾個時段讓他挑選，這絕對不能答應。預約應該由你決定方便的時間和地點。如果對方真的想約訪，自然會配合。只提供一個地點，大家就會設法配合。而且，這樣的預約安排，不是由我來決定，而是你。」

原來如此，我突然茅塞頓開。

從那一天開始，每當有人要求要見鈴木先生時，我不再提供多個時段任對方挑選，而是直接敲定方便的時間。令人訝異的是，對方真的都會配合。或許有人會認為，這只有身居要職的人才能做到。不過，當你盡可能依照自己的狀況提出時間時，對方通常也更願意配合，最後雙方皆大歡喜的情況也隨之增加。

重要的是重新審視留白

我目前依然維持即使對方要求給他幾個時段，我還是只提出一個時段的做法。

但是大概有六成左右，可以直接決定，其餘四成遇到對方有其他預定行程時，再提出候補時間就可以。實在無法配合時，就告訴自己，「那就是沒緣分」。即使如此，行程表依然一下子就填滿了。明明有重要的工作要處理，開會卻占用掉一整天的時間，一旦遇到晚上必須參加餐會，想專注工作的時間就愈來愈少。

因為行程表排得太滿，擠壓了與重要人物會面及汲取新知的時間。

因此，在安排行程表時，一定要預先「留白」。

每天早上送女兒去幼兒園後，到開始公司的工作前，我一定會空下一小時。此外，每週都在行程表上先預留一、兩次兩個小時左右的「空檔」。這兩個小時，通常是在星期一下午，或是星期三下午。現在重新再次檢視行程表時，我發現一件事。

在一星期的開始，要給自己思考當週應做事項的時間。

在一星期的正中間，釐清變得煩雜紊亂的思緒。

時常檢視工作清單，重新安排後還是做不完的工作，就在星期假日的晚上整理。

雖然也想過安排一天不要與人會面。但我意識到與其面對自己有限的腦容量苦思冥想一整天，與其他人碰面以接受刺激可能更有意義後，就不再執著這一點了。

無法預估需要多少時間才能完成的工作，只要一星期有兩次，每次花上一小時或兩小時審慎思考，幾乎絕大部分的問題，都能擬出充分解決對策（實在無法解決時，我會去游泳。只要專心游個三十分鐘左右，頭腦就能更清醒，也能因此找到解決對策）。

保留空間讓心情放鬆

愈是能把工作做好的人，愈是會開口說出「我有空」、「我還有空閒」。那是因為他們能掌握自己工作整體的工作量，預留空閒的時間。

所謂的忙碌，不僅是工作量的問題，還有精神上超過負荷的問題。

我每天早上都盡可能去咖啡廳，在筆記上寫下一定要做的事。鈴木先生則是利用交通移動時，在腦袋裡進行這件事。

把主題依照種類分類，將同類型的事項歸為一類，藉以減少總體數量。

接著，雖然不立刻做也無所謂，但不會花太多時間的事項，快速地一件一件完成。

重新檢視對方一個月的行程，地點在哪裡、交通時間是否足夠，向參加者確認是否聯絡等事項。如果擔心就打電話或以電子郵件確認，消除腦中無謂的不安或在意的事情。

能夠清理愈多瑣碎的工作，就能減輕腦中繁雜的負擔，因為這就是為大腦留白。

進公司前應做的事

早上到咖啡廳時，我不是只有整理工作清單，也會整理文件。

我會把手上的資料依照工作類別整理好。不需要的，以及已經記住的內容就丟掉。由於其中有很多機密資料，到公司後就以碎紙機銷毀。如果心想「之後再處理」，事情就會愈積愈多。所以我一定會在早上先把「要丟的東西」挑出來。領取收據和報銷交通費也會在這個時間完成。

到公司後，先看過送到桌上的信函與文件，大部分都直接丟掉。除了真正重要的東西以外，確實記住後就丟掉。桌上完全清空後，接著處理電子郵件。這些都在中午前處理完畢後，下午就能用來開會以及準備新的企畫案。

宮崎駿的戰友，也是吉卜力色彩設計師保田道世，曾給過我這樣的建議。

「絕不能在進了公司，坐在電腦前才開始構思色彩設計。而是從早上一起床到公司的這段期間，就先決定好當天所要上的顏色。你想想看，即使看著電腦畫面，辦公桌旁也是沒有任何顏色不是嗎？然而，從家裡到公司的這段路程，可以參考的東西形形色色，坐在位子上，就開始畫上構思好的色彩。這麼一來，工作很快就可以完成了。」

工作開始之前，如何在腦中創造留白空間，並歸納組織想法。我將這個教誨銘記在心。

磁碟重組的效用

二十多歲時，我每天都懷疑自己「是不是笨蛋？」現在也自覺腦袋不太靈光，但當時是更嚴重的煩惱。

即使絞盡腦汁思考，思緒也像脫韁的野馬般四處亂竄，腦袋完全無法運轉。即使鈴木先生要求我：「好好想一想！」我也搞不清楚該怎麼思考。

我在成為鈴木先生的助手不久前，有一件每天必定會做的工作。那就是把電腦相關知識，整理成電子郵件，以連載的形式發送。

寄給鈴木先生的「數位基礎知識郵件」，從一九九九年六月十二日開始，兩年期間除了元旦以外，沒有一天間斷。現在這些郵件依然存在檔案中。其中有一封這樣的郵件。

第四十二回「磁碟重組的效用」。

也許像我這樣只會埋頭往前衝不懂得剎車的，或許很需要磁碟重組功能。

硬碟雖然經常在讀寫難計數的數據，但這些資訊在硬碟中並不是依照順序記錄下來。

使用NIFTY Manager（鈴木先生當時使用的郵件軟體）時運算的數據，有些記錄在硬碟圓周的內側，有時則會寫入外側。

這樣一來，由於讀取頭必須在硬碟的不同位置之間移動，爲了執行一個軟體，必須要先讀取內側的資料，然後再存取外側的資料，導致資料的讀取速度下降。

這簡直就和我的大腦一樣。

如果要把這些資料整理得井然有序，讓電腦「最佳化」的做法就是「磁碟重組」。

磁碟重組必須花費至少一小時，所以建議在睡覺前或離開辦公室時執行。而人的腦容量是透過「睡眠」整理白天吸收的資訊，就像電腦的「磁碟重組」。

鈴木先生對這封電子郵件的回覆是：

「絕對贊成省力化」。

鈴木先生至今依然經常以「磁碟重組」為例，強調整理的重要，以及留白的意義。雖然我猜他早已忘了最初是因為這封郵件，但每一次聽到他說出這個詞彙，還是令我很開心。

人一旦疲倦就無法正確判斷

多數電影都在公開放映前的宣傳期，耗盡所有資源。

但鈴木先生不僅在公開前投入大量心力，連公開後也繼續強力宣傳。《神隱少女》公開上映時，一波接一接的宣傳攻勢，對放映的合作廠商也一再施壓，創下連續上映最長期間的特例，要知道，近年來電影的票房，往往在上映首週便已底定。而吉卜力的作品，竟能上映長達一年。這並非吉卜力工作室對該作品的特別厚愛，而是鈴木先生在宣傳費的運用上，採取了將資源保留至上映後繼續宣傳的策略，並成功奏效。

這話對我來說有如芒刺在背。光是想到必須擬定長期的縝密策略，就覺得雙肩彷彿壓上了千斤重擔。然而，鈴木先生卻神色自若地說道：

「整天忙忙碌碌地跑來跑去，你不累嗎？我從不做讓自己疲憊的事。一旦疲倦，就無法做出正確的判斷。所以，整天埋首苦思是行不通的。」

「我真正認真思考的時間，一週最多一天。除了認真思考的那天，其他時間都用來整理思緒。整理完，再一口氣集中精神思考。如果一直不停地思考，肯定會累吧？」

這句「肯定會累吧」鈴木先生經常掛在嘴上。

鈴木先生確實很擅長整理思緒、保持輕鬆的態度。

宮崎駿導演也是如此，雖然他看似比任何人都更勤奮忙碌，但他依然會安排午睡、閒聊、整理思緒的時間。

「整天坐在書桌前的人，成不了事。」鈴木先生曾這麼說。這是因為他養成了良好的習慣，懂得妥善安排學習、玩樂和整理思緒的時間，讓大腦隨時保持在最佳狀態，以便專注於思考。

四、引人入勝的說話方式

比起主題，必須更慎重地思考「暖場」，運用身體語言來傳達給對方。

德間社長親授的「說話技巧」

鈴木先生有一位他曾徹底模仿過的對象。

那就是德間書店的創辦人，已過世的德間康快社長。不論鈴木先生或宮崎導演都把他當作自己人，叫他「社長」。他是長期支持吉卜力的日本出版界及娛樂界的巨擘。

鈴木先生的談話，具有一種能夠吸引聽眾的不可思議魅力。

他說的內容並不是非常理論有邏輯，也不是具獨特性的創意想法，但聽了他所說的內容，在場的人總是「莫名」地感到有說服力。

那是發生在書店舉辦鈴木先生談話，我在後面聆聽時發生的事。一對似乎不認識鈴木先生的人停下腳步，相視了一眼後說：「那是誰？講話怎麼這麼好笑？」

鈴木先生曾告訴我，這種「吸引對方的談話方式」，其實是德間康快社長教他的。

說話技巧只有三個重點。

- **把說話內容分為三段。**
- **不是立刻切入主題，務必先有「暖場」。**
- **注意手、腳的擺放位置，腹部用力的技巧，以及視線等肢體語言。**

把要說的內容分為三項

有些人講起話來，可以如行雲流水、滔滔不絕。這樣的人很多是高學歷、頭腦敏捷的人。他們講話有條有理，沒有多餘的冗言贅詞，想表達的事情可以說得頭頭是道。

但是聆聽的一方，未必能完全吸收接二連三進入耳中的資訊。因此，反而可能留下「那個人似乎很聰明，但好像沒辦法一起共事」因而敬而遠之。

「大致可以分為三項。」

鈴木在論述自己的主張前，常會這麼說。

其實在開完會後，重新確認筆記時會發現只有一個主題，或是超過四個主題。

但無論實際上是幾個，斬釘截鐵地表示「有三項」極為重要。

「首先表明有三項，然後再開始說明。剩下的兩項，邊說邊想就好。人的心理是這樣的，對於接下來對方要說的內容，究竟有多少，如果完全沒有概念的情況下聆聽會產生壓力。若是能掌握大致輪廓，然後再一點一點釋出資訊，就比較容易理解。」

「我會盡量在事前整理要說的內容時，先寫在筆記上。接著把相近的主題整理成一項，最後分成三項後再去開會。」

「要說的內容沒有先整理的情況下，在說明第一項時，把浮現腦海的事情先擱置，在第二項的說明時提出來。當說明第三項時想到其他的內容時，再修正『另外補充一項』……」

有時鈴木先生放在桌下的手，會發現他有三根手指特別用力。這是在德間社長那裡學到的方法，他會事先將最初要講的重點分配到三根手指上，每講完一個重點就放鬆一根手指的力道，藉此明確掌握「自己講到哪裡了」、「還剩下多少要講」。

這個方法對於養成「思考以外的資訊處理先置於外部」的習慣很有幫助。「自己講到哪裡了」、「還剩下多少要講」的資訊處理，和思考現在正在說明的內容如果同時進行，腦中就容易產生滯礙。

將要講的重點分配到三根手指，除了正在說明的內容以外，都由外部處理，就能清理腦中紊亂的思緒。

如果要避免出錯，雖然也可以事先整理在筆記上，說明時再看著確認就好了。但要是太過頻繁地確認筆記，對方也會覺得「這個人都是靠筆記在說明」，不會認真聽你說明。

開會時打開電腦，邊盯著螢幕邊說明，也不會給對方太好的印象。

不要完全死背

我記得這也是德間社長教的。

不要死背要說的內容。一旦死背，卻忘了其中一項時，往往會連後面要講什麼也忘記，而且也難以當下的氣氛調整說明內容的順序，或是延伸到其他的話題。

「大約記住八成之後，就隨意地把小塊的記憶放到頭頂上。如果有原稿的話，就把原稿分成幾個區塊，然後咻地一下，讓它們浮現在額頭附近。」

「接著，邊說邊確認對方的反應，思考接下來要講什麼。雖然有時候可能會忘記。但反過來說，如果是會令你忘記的事，可能就是當時並不需要的內容。只要這麼想就了。」

「我只寫下章節標題，然後用映像的方式記憶，並想像它們浮現在我額頭前方。要百分之百完全記住需要非常多的勞力和時間，但如果是百分之八十左右的話，讀個兩、三遍就能記住相當多的內容。」

靈活運用身體語言

鈴木先生在很多人面前說話的訣竅，據說是來自德間社長告訴他的這段話。

「兩腳張開超過肩膀寬度，力量確實放在十根腳趾上。雙手輕輕握拳，單手用來計算主題，下腹部（丹田）用力發出聲音。特別希望對方注意你所說的內容時，雙手稍微打開加深對方的印象。」

為了吸引他人，將全身展現的肢體語言運用到極致。重讀《鈴木敏夫語錄》時，其中寫著這麼一段話。

說話時，要將句子分成小節，慢慢地說，確認對方理解了自己所說的內容後，再接著說下一句話。

偶爾要加入玩笑、笑一笑，盡量不要讓氣氛一直處在緊繃狀態。

談到特別想強調的內容時，透過手勢、動作，突顯出該話題的重要性。

進入正題前一定要先「暖場」

鈴木先生常帶我去聽日本的落語（類似單口相聲）。

他會邀我去聽已故的古今亭志朝、柳家小三治等大師的落語。聽完後邊喝茶邊聊當天聽到的段子。回想起來，實在是一段奢侈的時光。

鈴木先生的分析，主要不是落語內容，而是落語家在進入段子的正題前，為了暖場而閒聊的開場白「枕詞」。

鈴木先生又說，「枕詞」中幾乎集結所有精華。

政治話題、現在熱門的電影、工作人員的戀愛話題……等，暖場的內容五花八門，但是這些閒聊的內容，必定扣緊當天的主題，也就是「當季話題」。

這是發生在慰勞某位工作人員餐會上的事。那位工作人員因為面對宮崎駿這位天才，而喪失了身為創作者的自信。

在這樣的他面前，鈴木先生所提出的暖場話題，是宮崎駿導演過去創作的作品，和最初的想法以不同形式誕生的無數插曲。

最初導演的是《魯邦三世卡里奧斯特羅城》的系列作品改編成電影、《魔女宅急便》、《霍爾的移動城堡》則都是有故事原作，撤換了年輕的導演後親自操刀的作品。在日本創下最高票房的《神隱少女》，原本是其他想進行的企畫，由於鈴木先生反對，在火燒眉睫之際想出的企畫。成為導演的出道時間也比同時代的人晚等話題。

鈴木先生在進入正題前說的這些話，讓該工作人員眼睛愈來愈閃閃發亮，重拾熱情，願意先專注於目前的工作。

鈴木先生透過這些暖場的話語，讓對方能自行去察覺，而且是自然而然。在察覺某個想法後再聽「正題」，和沒有任何覺察就聽「正題」，即使是相同的內容，理解度也截然不同。

把共通話題作為「暖場」的準備

暖場的話題，並不是一個人的自我陶醉，大前提是與對方的共通話題。

當時報紙還算是共通話題。我每天早上都會先背熟鈴木先生和宮崎駿導演訂購的《朝日新聞》標題再去公司。我六點半起床，先以社會版和國際版的內容為主，大致記住後，記錄標題以備隨時可以派上用場。

宮崎駿導演當時必看的是《ＮＨＫ特集》，鈴木先生每天晚上錄影的朝日電視台《NEWS STATION》（現改為《報導STATION》），也要牢記在腦海裡。

隔天早上見到兩人時，就能以共通話題作為暖場。

「昨天的《NHK特集》看了嗎?」

暖場話題延伸到工作上的情況很多,有些原本難以啟齒的話題,在閒聊得很起勁後再提出來,反應南轅北轍。

近年來變得困難的是,媒體可說百花齊放,以致難以找到共通話題。習慣觀看網路新聞,與習慣閱讀報紙的人,接收資訊的種類與方法差異相當大,因此事有必要蒐集相當程度的資訊。

我在開會或與人會面前,會盡可能多思考一些暖場的題材。初次會面的人,因為所知資訊有限,在拜訪對方的公司後,直到見到當事人以前的時間是勝負關鍵。舉例來說,服務櫃台的電話是歐洲製、設計新潮時尚的家電,對於櫃台的講究必然和該公司堅持的某些理念有關。

在櫃台等待的數分鐘,我會先查詢該電話的品牌,記住是哪個國家、哪家公司製造。如果日本有分店，先確定哪些地方有旗艦店。

「櫃台的電話是〇〇〇對吧？非常好看。」

通常沒有人聽到這樣的讚美會不開心，接著話題從這裡延伸，即使彼此沒有相同的興趣或嗜好，至少在談論主題時，也能輕鬆一些。

年輕時的我，總是追求精簡的開會效率，只談與主題相關的內容。但是這樣的會議，就是少了點什麼，十分無趣。

為此我經常挨罵。鈴木先生總是提醒我：

「不要急！」

「不要立刻就切入正題！」

再怎麼正確、有趣的內容，初次會面就進入正題，只會讓對方心生戒備。

根據目的及對方人數調整說話方式

我們的言詞表達，最後目的都在於準確傳達訊息，並觸動人心，彼此激盪出火花。

因此，我們有必要根據談話對象及在場人數，靈活調整說話方式。

例如，一對一的對談時，為了避免氣氛緊張，可以先就對方的背景、現在從事的工作，或是詢問對方感興趣的話題，緩和氣氛後再切入正題。

若是多人的場合，則應兼顧全場，注意讓目光平均分配給每一位出席者，盡可能讓視線顧及到每個人。因為我們說話時很容易不自覺地只注視特定對象。並且，盡可能先介紹與會者。

「這一位可以做到這樣的事情。」

像這樣清楚地分配每個人的任務，避免對方產生「這麼大陣仗，我是為了什麼而來」的不安。

我雖然也兼任廣告工作，過去對於廣告業界特有的十人以上同席會議很不擅長。但實際從事這個工作時，思考企畫、設計、業務、公關等，廣告工作繁雜，確實有必要這麼多人出席。

募資的說話技巧

最後我想分享一下有關「募資」的經驗。

雖然寫這樣的事並不太好，我認為所有工作都是「有人感受到其中的價值，最後願意投入資金」的價值交換，但我還是寫一下說話的技巧。

說來幸運，我很受贊助者關照。而且不僅一次，願意持續贊助我們的贊助者成為我們的夥伴，因此也和贊助者、出資者建立良好的關係。製作電影非常燒錢，若是沒有人願意掏出腰包來資助，無法誕生任何作品。

對於重要的贊助者，我主要著重於兩點。

一件是在談作品主題、追求與魅力時，必定高揭「堂而皇之的理由」。

贊助者通常事務繁忙，有他們自己的本業，對他們解說冗長的故事情節、角色塑造的迷人之處時，因為這並非他們的本業，難以準確傳達，因此我必定會將「為什麼現在這樣的時代，推出這個作品的意義在哪裡？」這個堂而皇之的理由，透過言語來傳達。

不論從事什麼工作的人，都不可能與時代脫節。

「為什麼現在做這個工作？」

「為什麼現在推這個企畫？」

對於這些具有更大意義的理念產生共鳴時，就會萌生「那麼來試試看吧！」的動機。

第二件要談的事，是必須先聆聽對方想要什麼。如果只是一廂情願地表示，「我想製作這樣的作品，請你投資贊助」，想必沒有人拿掏出錢來。因此，愈是希望對方出錢時，就愈不該直接說出「請你出資」，而是提出有關對方的工作、事業等問題，接著從對方的回答，從中發現與自己想要製作的作品契合的「堂而皇之的理由」，然後才表示「剛剛您說的公司目標，和我們現在打算推出的作品，我想有很大的關聯性」。

與自己毫不相關的事沒有人會感興趣，但若是與自己有關，就能成為與對方共同製作作品的夥伴。

如果無法從對方的事業發現與自己的企畫相關的部分，就不要勉強推銷。找不到共同的「堂而皇之的理由」，即使勉強進行，也無法讓電影這樣的「夢想」真正開花結果。

五、深入問話技巧

「應和、沉默、笑臉」……
讓對方在意、對你說的事情產生共鳴。

不要輕率地應和

與宮崎駿先生說話時，偶爾他會突然神情凝重地沉默下來，可能是幾秒鐘，甚至長達數十秒。遇到這種時候，我會安靜地等待宮崎先生再次開口。

這個訣竅，是鈴木先生告訴我的。

創作者常會在言談之際，突然陷入新的思考，因而在當下陷入深思。

這時絕不可因為難耐沉默而隨意開啟無關緊要的話題，因為對方正沉浸於自己的世界思考，只需靜靜等待他重新開口即可。

面對沉默，無需焦慮。

當對方沉思之際，靜候即可。

這時候，若是緊盯對方的眼睛，只會分散他們的注意力，阻礙他們深入思考。應該將視光移開，盡可能降低自身的存在感。鈴木先生的做法是點菸，或起身整理桌面，刻意留給對方思考的時間。

我初任鈴木先生的助手時，好幾次被他批評我隨口應和的習慣。

「像你這樣含糊地一再隨口應和，會使對方難以信任你。過度頻繁附和對方的人，通常是因為理解不足，因為不安才這樣隨口應和。應該盡可能減少附和的次數，適當延長回應的間隔。充分理解對方說了什麼，以堅定有力的點頭和充滿肯定的眼神交流，明確表達自己理解對方所說的內容。」

鈴木先生不厭其煩地指導我，聆聽者的態度，能影響對方思考的深度。

巧妙地踏入私人領域

鈴木先生的「聆聽技巧」中，有一個我至今依然模仿不來的方法。那就是刻意踏入對方私領域的技巧。

舉例來說，有一位非常優秀，擁有社會地位，外貌也相當出色的女士和鈴木先生在交談過程中，鈴木先生說道。

「什麼？你結婚了！和你這樣的人結婚，老公一定很有壓力吧？」

對方露出滿臉不悅的表情。

「你為什麼會這麼想？」對方問道。

「因為你不但是個美女，工作能力又這麼強。所以難免會希望結婚對象和自己一樣。可是，世上沒有這種男人。工作理想很高，男人的理想卻很低。何況，像你這樣的太太要是連家裡都打點得無懈可擊，老公一定會覺得透不過氣來。」

「你怎麼知道？我家就是這樣……最近我老公常說『和你在一起壓力很大』。可是，我希望家務也能打理得很好。我希望能打造一個彼此重視自身價值觀的家庭，但一談到這個，就會吵起來……」

兩人的交談在不知不覺間變成婚姻問題諮商了。當對方打開話匣子後，鈴木先生轉而扮演聆聽的角色。

對話完全轉為人生諮商的結果，該女士向鈴木先生問道：

「鈴木先生，我以後到底該怎麼做才好？」

「很簡單啊。夫妻不應該是面對面，而是應該朝著同一方向往前邁進。」

在場所有人聽了之後，無不點頭稱是：「有道理！」之後工作的協談也在一個良好的氣氛下順利進行。

在說「好爛！」之前，先展現笑容

在網路上搜尋「宮崎駿」，出現的多半是滿臉笑容的宮崎駿導演的照片，他笑容燦爛，彷彿可以聽見罐頭打開般「啪」的聲響。

然而，宮崎駿導演平時並非總是笑容滿面；工作時的他嚴肅甚至有些可怕。身為創作者的宮崎先生不會輕易認同他人，甚至會直言「無聊！」否決提案。

但是，宮崎先生總以笑容聆聽與表達意見，且愈是否定對方，愈加展現笑顏，光是這樣，就能讓氣氛一百八十度轉變，輕易擄獲人心。

相反地，若一開口就流露「我與你意見不同」的氣氛，場面便會變得尷尬。

如果沒有特別留意就很難做到，但我在打算表達和對方不同的意見時，會盡可能在聆聽之際，注意面帶笑容，並且盡可能先肯定讚美對方之後，再提出自己的看法說，「你認為這個看法如何？」

愈好的點子，愈要歸功於對方

我心目中最高境界的「聆聽技巧」，莫過於「成就他人」的藝術。鈴木先生和宮崎先生在這方面堪稱個中翹楚。

明明就是自己構思的點子，主導的成果，他們卻能巧妙地將功勞歸於他人，例如，「這不就是石井你之前提過的嗎？」，或是「多虧〇〇提出的創意」等。

被如此稱讚的人，自然會心花怒放，幹勁十足。這種將功勞歸於對方的說法，不僅讓對方感到被肯定，也無形中使其參與感倍增，願意承擔更多責任。鈴木先生和宮崎先生兩人將這技巧運用得爐火純青，甚至達到一種近乎相聲的境界——

「明明是老宮你提出的點子吧？」

「不不，是鈴木你先說的！」

那是在討論電影企畫的關鍵決策時，兩人之間你來我往的謙讓，令我們在場的人都看得目瞪口呆。想必，這就是他們多年來合作無間的默契吧。

反觀那些總是把功勞攬在自己身上，動輒說「這是我做的」、「這是我的想法」的人，必然逐漸失去自己的夥伴。尤其在講求團隊合作的場合，「放下自我」，才能營造出和諧融洽的氛圍。

六、別人怎麼看這件事

時常意識客觀的視角，就能看清「自我」。

「務必重視平衡！」

我是個性十分極端的人。

我很容易感情用事，對事物的熱情，來得急也去得快。有興趣的事情埋頭苦幹；不感興趣的事則完全提不起勁。但一頭栽進去時，完全不在乎旁人的觀點，過度莽撞躁進的情況也時時發生。有時會因此陷入極度的自我厭惡。

但是，世上沒有一個人能將任何事都維持均衡，尤其愈是生活得有樂趣的人，愈容易有好惡偏頗。

鈴木先生正是如此。他個性急躁，對於等候很不耐煩，去食堂時，他會站在正在收拾中的桌子前，讓店裡的人很困擾，或是因為太性急，上完廁所沒洗手等，在吉卜力也引發一些問題。

但鈴木先生卻一天到晚對我說：

「你太極端了。要保持均衡！」

所謂的保持均衡是什麼意思？

是「平衡感」本身嗎？還是「平均優異」的意思呢？我也曾經為了搞不懂所謂的「平均」而感到煩惱。但是，鈴木先生所說的「平衡」，並不是指平均。

以下我就來說明鈴木先生所指導我，有關這個問題的答案。

所謂平衡，指的是「社會上的平衡」

前面提到過鈴木先生和宮崎駿導演兩人都讀的《朝日新聞》，我當時每天早上必定會先看過，以便在談話中可以派上用場。

有一天，我如常坐在自己的座位上攤開報紙，鈴木先生斜了我一眼，從我旁邊走過。沒多久，他把我叫進辦公室。

「石井，你最好改掉在自己座位上攤開報紙閱讀的習慣。」

我認為自己看的又不是漫畫或雜誌，而是為了工作吸收資訊的報紙，所以不禁有些不服氣，反問：「為什麼？」鈴木先生吐了口菸，笑著問：「你現在幾歲？」

我回答他二十五歲以後，鈴木先生說道。

「在這個辦公室，你年紀最輕不是嗎？年紀最輕的你一大早就坐在自己的位子看報紙，你覺得大家會有什麼想法？絕對不會愉快不是嗎？如果是在閱讀資料的共同空間，在公共使用的桌子看報，觀感應該會變得好一些。重點不是你自己是什麼想法。身邊的人對你的觀感才重要。否則，工作很難順利進行。」

當時我還年輕氣盛，鈴木先生這一番話，我還無法完全領悟。直到現在我站在必須指導新人的立場時，才深刻體會到鈴木先生的用意。

「聽好了，石井你就是這樣的地方缺乏平衡。所謂的平衡，是『社會的平衡』，只要你出來工作，最重要的就是懂得判斷『這樣的作為是否適用於這個社會』，如果不考慮旁人觀感，只顧說出自己的想法、價值觀，你將會遇到很大的阻礙。」

「即使你說的是重要的核心內容，也可能因為對象或狀況行不通。尤其當對方思考想法比較傳統時更要懂得克制。這種時候必須先把你個人的想法擱置一旁。首先要做的是打破對方內心的『屏障』。因此，你必須經常思考自己與社會的聯結，思考這個社會是如何看你的。」

每個人都有年齡、地位、經驗構成我們在別人眼中不同的立場或形象。而內心也存在著「其實我是個這樣的人」的自我。我長久以來，都為了別人眼中的我與真正的自我並不一致而感到苦惱。

但我現在可以確信。

相較於「我期望在別人眼中的形象」，「別人眼中的我」才是真正的自我。

換句話說，為了讓工作順利進展，必須了解別人眼中所看到的自己。這就是鈴木先生所說的「社會的平衡」。

甚平、作業服、骰子

鈴木先生曾告訴我一件事，是他在《魔女宅急便》的製作委員會上，對發行公司一位高層的發言，提出反對意見。

「委員會開完會後，我被對方叫到會議室外面訓話，對方說：『像你這樣的毛頭小子，少在那邊囂張！』」

鈴木先生當時四十歲，實在稱不上是毛頭小子。但因為鈴木先生外表看起來很年輕，穿著也很休閒，所以對他陌生的人常以為他很年輕。據鈴木先生說他當時不以為然，覺得「難道因為是年輕人，所以就不能表達自己的想法嗎？」

但是，他沒有因此對高層人士抱持反感，而是努力改變自己的表達方式與行為舉止。他留了鬍子，不穿牛仔褲，改穿更正式的長褲（話雖這麼說，其實是換穿卡其褲），注意讓自己看起來更符合實際年紀。

近年來鈴木先生則改穿輕鬆的甚平或作業服。這樣的打扮也很適合他，他散發出一種氣氛，讓他人看起來就是重要人物，或者說是電影界的重要人物的感受。

此外，鈴木先生桌上總是放著骰子。開會途中常會說：「最後我們來丟骰子決定！」而炒熱氣氛。思考伴手禮時，以丟骰子決定品項，是鈴木先生身邊的人的日常。

重要的是，鈴木先生使用這些小道具，讓人覺得他「意識著別人怎麼看他」。

至少，我不曾看過鈴木先生以丟骰子來決定重要事項。而是以骰子這樣的小道具，營造出活潑的氣氛（也許真有以骰子決定重要事項的時候，只是我不知道）。

篠原征子的建議

篠原征子是著名的原畫製作。她在東映動畫時期結識宮崎駿導演，擔任《小天使》（原名：阿爾卑斯山少女）的動畫檢查、《未來少年柯南》、《紅髮安妮》、《魯邦三世卡里奧斯特羅城》，以及《風之谷》、《霍爾的移動城堡》的原畫等，長久支持宮崎駿導演的作品。從原畫製作工作引退後，依然持續鞭策與激勵工作人員。對於像我一樣的吉卜力年輕一輩，可說猶如慈母般的人。

有一次，篠原女士叫住我，她說：

「衣著一定要保持整潔才行喔。衣著不乾淨，就只有同等程度的工作會上門。好好地打點自己的衣著打扮，就能吸引像樣的工作到來。」

在動畫業界，即使重要的工作場合，照樣有人穿著牛仔褲或T恤。但是創作者或製作人的工作則不太一定，創作者高畑勳導演及宮崎駿導演，總是穿著有領的襯衫，長褲也是燙出漂亮的折痕。

我從篠原女士給我這個意見的那一天起，就時常注意穿著套裝、短外套或襯衫。

展現真實的自我，反而更有利

年輕時的我，很希望周圍的人對我的印象是「工作完美，優秀的人才」。因此我比別人更害怕失敗，自己圍起一道「我和大家不一樣」的高牆。

但我發現實際上的我，卻是「經常失敗，但很快能重新振作、個性開朗的人」。遺憾的是，我並非能完全地將工作做到一百分的人，也不是頭腦敏銳的策略家。但是我「不畏懼失敗，跌倒能立刻站起來」這個天生不夠洗鍊的個性，似乎很有幫助，坦率地表現出這一面，反而「有收穫」的狀況很多。

我的身邊總是有很多比我更優秀的人。而他們這樣的人有時會對我說：

「石井在的時候，總是莫名地令我在意呢。」

那是多虧我能快速重整齊鼓的個性而應對問題的發生。當發生什麼問題時，我總是立刻會思考其他方法。不停止思考而能不斷提出具體對策並採取行動似乎是我的優點。

但反過來說，我在一些小地方出的錯也不少。前些日子在寄一封重要的專案確認信給所有成員時，竟然把重要的日期弄錯了。但是多虧團隊成員補足我失敗的部分，更加深了團隊的向心力，這比以「完美的自己」為目標更好。

曾幾何時，我開始能主動對別人說出自己的失敗或缺點。愈能坦率地表現出自己不足的部分，周遭的人愈能給我正面的評價。

另一方面，愈是追求「理想中的自己」，與他人之間的距離反而愈遠。「刻意追求某種形象以獲得讚美或利益」而造就的自己，最後其實就是「原本的自己」，這與本書的本質相通。總而言之，捨棄外在的自我，以剩下的東西——與生俱來的「核心本質」來決勝負，任何事都能夠順利進行。我相信絕對是這樣的。

七、清單管理的方法論

應快速完成的工作，與借力使力深思熟慮的工作。

愈緊急的事情，愈要放慢腳步

鈴木先生是個急性子。

他吃飯只花五分鐘，洗澡也如同蜻蜓點水迅速了事。

甚至曾有一次，因為一早鈴木先生急如星火地打電話給我，接二連三地下指示，我正急著做筆記時，樓梯下方卻傳來與聽筒另一端相同的聲音，鈴木先生衝進房間問我：「做好了沒？」

最近也有一次，鈴木先生寄一封郵件給我，要求我寫一篇稿件給他，我連忙打開電腦開始寫，十五分鐘後已收到鈴木先生寫好的原稿。

宮崎駿導演性急的程度，大概也堪稱日本第一。

宮崎駿導演畫分鏡圖就像畫連載漫畫般，每完成二、三十頁，就發給工作人員，立刻想聽到感想的宮崎先生，總是在我們剛拿到原稿，讀了兩、三頁左右時就立刻問我們：「覺得如何？」我當然回答不出來。

因此我會在深夜等宮崎先生回家後，悄悄記住放在宮崎先生桌上的分鏡稿，以備隔天突然被詢問。

不過，等我開始熟悉工作，追得上鈴木先生的速度時，他卻開始對我這麼說。

「愈緊急的事愈要放慢腳步。」

剛開始我覺得有些混亂，也覺得有些反彈。

因為我認為沒有任何事比速度更重要。就算弄錯了，邊跑邊修正，總比慢吞吞地工作好。更何況鈴木先生對於愈重要的事情，愈要求速度。慢慢做豈不是來不及。

不必急著做的事情，盡早完成

我曾實際體會到鈴木先生說的另一句意思完全相反的話。

「不必急著做的事情，要盡早完成。」

鈴木先生宛如機智問答般的口吻，進一步仔細地說明：

「不必立即處理的事情會不斷累積，以致失去進行重要事情的時間。結果必須急著處理的事情卻被迫只能用極少的事情去做，會把事情搞砸的。」

他說：「因此，必須挪出一個人的時間，不必急著處理也沒關係的事，盡可能及早處理。愈是緊急而重要的事，愈要花時間深思熟慮後再執行。」

所謂「不必急著處理的事務」，舉例來說，行政事務、共同事項的聯繫轉達、回覆電子郵件、行程表的確認等，相較之下任何時候處理都沒關係的工作。

「應該緊急處理的事項」，則是無法以機械處理的重要工作。

以我來說，書寫企畫書、製作預算表、檢查故事情節及腳本、確認製作過程的影像、音樂、閱讀宣傳資料等。除此之外，我還必須擬定應對課題和問題的策略，以及協調人際關係等。

如果是業務職務，製作提交給客戶的資料、整理金錢相關事務，以及最重要的拜訪客戶等時間，都屬於此類。

若是企畫、設計職務，構思新點子並將其實現的時間，也屬於此類。

如同前述，早上進咖啡廳後，我寫下該做的工作，然後從簡單的工作開始一個個解決。在此期間，大腦持續思考著「必須趕緊處理的重要事項」，因此即使在處理簡單的工作，也等於是在思考重要的事情。

然後，當大腦的緩衝空間足夠時，就會專心處理必須趕緊處理的重要事項。

宛如閃電般迅速的郵件回覆

鈴木先生回覆電子郵件或ＬＩＮＥ的速度極快，必定在當天回覆。不論是對輩分高於他的，或是當天剛見面的年輕人都一視同仁。「鈴木先生回我訊息了！」這樣的喜悅能激發年輕人的士氣……這一類的正向循環，幾乎每天都在發生。

電子郵件的基本，就是「不要累積」。有些人回覆郵件，要花上好幾天到一星期以上，但以這樣的速度回信，狀況可能分分秒秒都在改變。

現在因為有智慧型手機，隨時隨地都可以回覆電子郵件。從事我這樣的工作，稍微看個電影的兩個小時當中，信件就來了五十件甚至上百件的狀況可說是家常便飯，我都盡可能立刻以手機回信。

多數郵件可能是小組共同事項，或是單純聯絡通知。這些郵件不需要郵猶，只需簡單回覆「了解」、「麻煩你了」，總之立即回覆，不需要花時間思考。有點像是玩消消樂的感覺（當然，內容還是都得確認過）。

回到辦公室後，大約會有三十封待處理的郵件，其中較簡易的郵件我會優先回覆。若拖延不處理，只會讓工作越積越多，自找麻煩。

此外，需要花更多時間專心處理的郵件，則是晚上撥一、兩個小時再慢慢回覆。被時間追著跑的白天，很難靜下心來深思熟慮。為了防止寄錯信件，安排這樣的時間是重要的。而重要的是，每天必須在睡前回覆所有信件，不拖延到隔天。

多數的郵件都是對方到公司後，九點到十點以後寄來的。所以這段時間以前，就是自己可以寄出信件的時間。聯絡事項及確認事項在晚上寄出，就等於在對方思考或處理的時間前，可以先發制人。

我想鈴木先生會立刻回信給所有人，必定也是因為他很清楚這麼做，比較不會囤積工作，而能擁有更多屬於自己的時間。

「未寄出和未回覆的信件保持零封。」

有些人收件匣囤積大量郵件，郵件愈積愈多。這樣的人總是常說：「一下子就堆了一大堆郵件」、「整天忙死了」。但未能回信的當下，就表示這個人對於專案沒有意見，因為他並沒有透過郵件「發言」。

應寄出的郵件要立刻寄出。只要心想可能因為回信的瞬間，就會誕生新的工作，自然會感到雀躍不已。

雖然只是回一封電子郵件，但工作往前邁進帶來的成就感，以及會收到什麼樣的回音的雀躍心情，都是從按下電子郵件的「傳送」及「回覆」這兩個選項開始。

電子郵件只需分為三類

我的工作清單管理也習慣使用「Mailer」處理。利用Gmail的標籤功能（相當於「Mailer」的資料夾功能）來整理。

我的資料夾僅分為「收件匣」、「備忘錄、筆記」與「TODO」三類，未依工作細分，避免分類過細反而降低確認與應對速度，這樣即可迅速處理所有郵件。

我會先回覆「收件匣」中的信件。多數信件都是聯絡與確認事項，所以盡可能簡短回覆。其中若有必須花時間進一步判斷的信件，則歸到「備忘錄、筆記」標籤分類，信件回覆完畢後則歸到「檔案匣」（存檔）。這樣大概就有七、八成的郵件從畫面中消失，剩餘的兩、三成因為還在處理中，所以先暫留在「備忘錄、筆記」裡。「備忘錄、筆記」這個資料夾名稱並沒有特別意義，可以依個人喜好重新命名為「專注BOX」、「重要」、「暫時保管」、「待處理」等。

列入「TODO」標籤的郵件，永遠只會有一件。

企畫中、製作的作品，以及廣告製作的工作等加總後，可能會有十五到二十件左右的專案在進行中，我將每個專案的待辦事項分類並排列，寫成一封簡單的電子郵件。每天查看一次，刪除已完成的事項，並新增新加入的任務。僅此而已。

這封郵件我每天會寄給自己一次。

將應做的事項整理成一封郵件寄給自己，不但能夠清楚記住，也不會有弄丟備忘錄或記事本而慌慌張的情況產生。

只要查詢「ＴＯＤＯ」這個標籤的資料夾，就能回顧自己在一、兩年前所做的工作。有如自己擔任自己的祕書一般。

多多借用他人力量

鈴木先生必須深思熟慮的重大事項可說堆積如山。舉凡企畫、宣傳策略，甚至吉卜力美術館的長遠規畫，皆在其列。

鈴木先生的過人之處，在於他擅長於訪談、會客、或與工作人員的對話中，直接拋出這些決策上的煩惱，不論對象是誰，他都能夠泰然自若地詢問：

「我正在思考這個問題……你有什麼看法？」

因為是重要事項，對方並不會對詢問感到不悅。有人當場給建議，有人幾日後提出方案。鈴木先生會從中擷取精闢觀點後在腦中醞釀，並於適當時機迅速執行。

這也呼應了本書的主題——「捨棄自我的工作術」。

獨自閉門苦思，思維難免受限，有時縱使耗費數月，也可能原地踏步。

正因為是重大的決策，所以不應只是一個人苦思，而應該在充裕的時間內，聆聽更多人的不同意見或想法，集思廣益後加以檢驗，這是鈴木先生的做法。

我也經常透過與他人的交流，來汲取別人的智慧。我現在任職的STEVEN'STEVEN／CRAFTAR動畫公司的社長古田彰一，是一位傑出的廣告文案創作者暨創意總監，堪稱文字界的翹楚。當我面臨抉擇時，總會先與古田社長討論，常在藉由閒聊梳理思緒間，不知不覺過去一兩小時，同時往往也能釐清方向。確定後，我們隨即規劃執行方案與任務分配，絕不紙上談兵。

借用年輕人的力量時，我會在企畫或創意發想階段，先放手讓他們盡情揮灑，盡可能不說出自己的想法和意見（儘管這並不容易）。正因為是面對年輕的工作夥伴，更要謹記「捨棄自我」、「充分授權」的原則。

充滿幹勁的年輕人，往往能激發出源源不絕的創意。通常都是令我覺得「這還不夠成熟」的創意，但其中也有一些令人驚豔的觀點。我相信，正是因為全然的信任與放手，才能夠激發出令人耳目一新的創意火花。

速度與深思熟慮的鬆弛有度

鈴木先生平時看起來總是行色匆匆，看似速戰速決的模樣，但對於真正重要的大事，他總是很難立刻做出決定。

他會廣泛聽取意見、徹底分析，並等待必須回應的時機。在此期間先處理雜務，減少工作量，待時機成熟再下判斷。對只看到他決策瞬間的人而言，似乎會認為鈴木先生相當果斷。

宮崎駿先生也是如此。對於繪畫作業等他擅長的工作，速度非常快，但對於在意或想講究的地方，他會花上好幾天，遲遲無法做出結論。旁人雖然心焦如焚，但他在此期間仍持續完成大量工作，擠出時間思考，等待思緒整合。

我從他們兩人身上學到，愈是急性子的人，反而愈要培養耐性，與事物深入對峙，否則無法做出好的工作。

可能是因為長久以來配合鈴木先生的工作，我對於自己工作的速度格外有自信。然而，離開鈴木先生身邊將近十年歲月，再次和他共事時，也不曾因為速度而獲得他的讚美。他只是露出一副「那是理所當然」的表情。能夠讓鈴木先生稱讚我的，只有花時間深思慮的時候。

「你還早得很呢！」

我彷彿能聽見鈴木先生對我這麼說。

八、發現「本質」的方法

為了避免迷失最重要的事物。

不要說謊！

鈴木先生經常這麼說：

「有太多不實宣傳的招牌了！」

看了其他電影預告的鈴木先生，常會說著「根本不是預告中那樣的電影」，然後思考自己的廣告文案、宣傳或預告內容。

鈴木先生的「宣傳祕訣」中最重要的一個原則就是——

「絕不說謊」。

一定不能做出不符電影內容的宣傳。因為精彩的預告而去看電影，結果卻和預期的完全不同而大失所望……這樣的經驗可能每個人都曾有過。但是就算被和電影訴求完全無關的預告而進了電影院，也絕對無法成為宣傳口碑。

作家是犯罪者，製作人是刑警

再也沒有一個人像鈴木先生這樣去深入了解作品的製作人了。

他總是深入去探索作品，發掘作家在作品中隱藏的訊息，並將它轉化為具體的言詞。發掘出就連作家本人也未必明瞭的「本質」。

鈴木先生常說「作家是犯罪者，而製作人就像是刑警」。

「這個世上有真心話和場面話。但多數人總是隱藏自己的真心話，而以場面話來活下去。事物無法順利進行的原因，就是我們把『場面話』照單全收去處理的關係。石井老弟你太過全盤接受對方說的。你必須學會如何看穿對方說的這些『場面話』的背後，隱藏了哪些『真心話』。」

接著鈴木先生又說道。

「聽好了！創作者就是把真正想要寫的事情藏在作品當中。但觀眾最想看的就是這個部分。如果你沒有看穿這個部分的能力，就無法成為製作人。」

鈴木先生把「看穿本質的技術」，表現得最為淋漓盡致的，就是在製作《神隱少女》預告片的時候。

在締造歷史票房紀錄的背後，是鈴木先生的策略。他看穿了宮崎駿這位稀世作家在作品中蘊含的主題，並透過宣傳將其推向世界。

我有幸親眼見證了從企畫開始到完成，乃至作品推向全球的過程。若要詳細描述，再多的篇幅也不夠。但若要問我，《神隱少女》在何時成為國民電影，我腦海中必定會浮現那個瞬間。

動畫電影是導演、編導根據腳本，畫出分鏡表。把電影畫面以四格漫畫般，依一個鏡頭頭接一個鏡頭的時間軸，製成電影的設計圖。

《神隱少女》的分鏡圖完成後，就立刻在鈴木先生的事務所，集中分析作品的內容。

鈴木先生把分鏡圖先製成粗略的分鏡腳本影片（lyca reel），和相關人員徹底分析該作品的本質。當時，製作這個分鏡腳本影片的正是我的任務。

觀賞完分鏡腳本影片後，鈴木先生要我把故事結構寫在白板上，把電影分為前段及後段，開始進行分析。

《神隱少女》的主角是誰？

《神隱少女》的故事是由兩大主軸交織而成。

前半段描寫在湯屋工作的千尋，完成為河神（腐爛神）洗淨汙泥的這個艱難挑戰。

後半段則著重於重拾「生命力」的千尋，和白龍、無臉男及湯婆婆的大寶寶等象徵社會病兆的角色，分別引導他們解放自我，最後千尋回到原本的世界。

象徵前半部的一句話，是已經公開的廣告文案——

「隧道的另一端，存在著不可思議的小鎮。」

這個文案在於告訴觀眾，誤闖而迷失在異世界的十歲少女千尋，被奪走原本的名字，以「小千」這個名字工作的「故事前導」。

千尋這個角色顛覆了宮崎駿導演以往作品中主角的形象，她是一個內向、缺乏自信的現代小孩。海報上以「小千」這個千尋在湯屋工作的名字，讓觀眾得知電影名稱《神隱少女——千與千尋》的由來為主軸，第一彈的特別報導在電影院播放。

那麼，宮崎駿導演在故事的後半，最主要想呈現的主軸又是什麼呢？

鈴木先生說，觀看電影時，不要試圖從中解讀作家的理念或情感，只要專注於具體描繪了什麼，就能看清作者真正想表達的意涵。

「你認為這個電影的主角是誰呢？」

「這……千尋不是嗎？」

「那還用你說嗎？電影呢，就是除了主要主角以外，創作者還會存在投射自身情感的角色。」

「嗯～那就是白龍吧？」

「你真的這麼想嗎？」

鈴木先生要我計算分鏡圖中，每個角色的登場次數。

毫無疑問，登場次數最多的是主角千尋。然而，從完成的分鏡圖計算每一個角色的登場次數後，我大吃一驚。登場次數最多的，不是白龍，也不是湯婆婆，而是無臉男！

「果然不出所料。」

鈴木先生一臉如我所料的表情連連點頭。

「無臉男就是老宮。白龍不是畫成美少年嗎？那只是障眼法。」

故事後半登場最多的角色是無臉男。前半颯爽登場的美少年白龍，因為湯婆婆的密令而前往外界執行任務，沒有太多與千尋的互動畫面。

鈴木先生和我把無臉男與千尋的相遇，後續具體的狀況描寫整理出來。

・初遇

無臉男和千尋初次相遇，是白龍帶著千尋，前往湯渥通過一座橋時。千尋這時並未注意到無臉男的存在。而無臉男只是默默地注視著從他面前經過的千尋。

・再會

開始在湯屋工作的千尋，為了去探望變成豬的父母，在夜深人靜，其他人入睡時，再次通過那座橋。

看到佇立在橋上注視著千尋的無臉男，千尋稍顯躊躇，但盡可能不和他對上眼，加快腳步離去。也就是說「無視」無臉男。千尋探望變成豬的父母，再度重返湯屋，無臉男始終默默地尾隨其後。

・對話

無臉男再次出現於已在湯屋工作的千尋面前。

千尋看到站在大雨中的無臉男，招呼他進入湯屋避雨。

・第一次贈禮

無臉男再次出現時，正值千尋被掌櫃青蛙刁難，千尋需要清潔大浴池用的木牌，但壞心眼的掌櫃青蛙卻不給她。為了幫助無計可施的千尋，無臉男悄然現身，將木牌交給千尋，千尋感激萬分地向他道謝。

・第二次贈禮

千尋使用藥湯。無臉男來到千尋面前，他送上更多木牌。但千尋婉拒他的好意，表示「我不需要」。無臉男露出失落的表情，消失身影。

・新的禮物

千尋洗淨了河神的汙穢，完成艱鉅任務。

她的背後出現無臉男的身影。目睹蛙男爭先恐後搶奪河神留下的砂金，無臉男凝視自己的手心，再次消失。他知道金子在這個世界的重要性。

・享用山珍海味

知道金子對湯屋的員工而言極其貴重的無臉男，吞下青蛙，藉著青蛙的聲音

（無臉男只能藉著吞噬對象的聲音才能說話），開始享用湯屋的山珍海味。

・第三次贈禮

千尋為了拯救白龍而奮力奔跑，無臉男獻上堆積如山的金子，但千尋卻拒絕接受，只是一心急著尋找白龍。無臉男悲傷的表情一轉，喪失了自我，開始吞噬其他的湯屋人員。

・失控發狂

發狂的無臉男，提出把千尋帶到自己前面的要求，並再次送上禮物。企圖連千尋也一口吞下的無臉男，千尋依然勇敢拒絕他的禮物，並曉以大義。迷失自我原本要吞噬千尋的無臉男，吞下千尋從河神手上獲得的丸子後，吐出所有之前吞噬的東西，並追隨千尋。

・回歸平靜

千尋帶著把所有吞噬的東西吐盡，溫順的無臉男坐上電車。無臉男重新回到原本溫順的模樣，乖乖跟在千尋身後。

・尋得歸宿

無臉男成為湯婆婆雙胞胎姊姊——錢婆婆的助手，而有了屬於自己的歸宿。

鈴木先生雙眼閃爍著光芒，就像是即將揭曉真相的刑警。

鈴木先生說：

「無臉男不就是個跟蹤狂嗎？但是，老宮對於這樣的角色，也讓他與像千尋這樣的對象相遇，找到他適合生存的場所。無臉男是老宮的化身，也可以說是現代許許多多迷惘的年輕人。下一波的預告主題，就搭配主題曲，採用從千尋與無臉男的相遇到他發狂為止這段！」

我聽著鈴木先生說的這段話，想起這十幾年在日本發生的許多事件。「跟蹤狂」、「繭居族」等現代人的問題，已經被冠以疾病名稱，被視為與一般人不同的一群而加以隔離，但或許這樣的特質也可能存在我們內心。

千尋對無臉男沒有忌諱與嫌惡，而是以平等視線看待，並向他傳達了重要的訊息。或許，正是因為如此，無臉男才能找回自我。

從那一天開始，鈴木先生開始進行千尋與無臉男為主軸宣傳。

將「作品的本質」融入宣傳文案

「每個人心中都有一個無臉男。」

這是鈴木先生基於宮崎駿導演的發言也寫出的句子。我認為這句話才是真正點出本片核心的宣傳文案。

鈴木先生將千尋與無臉男的相遇直到結束的片段，配上主題曲，在各大媒體上強力放送。

如果沒有這波「無臉男宣傳」，《神隱少女》必然成為十歲少女覺醒生存力的家庭電影，票房也可能僅限於家庭觀眾。

然而，由於面對無臉男這個現代的角色，以解放他的千尋作為宣傳主軸，成功擴展了觀眾年齡層，即使同檔期不僅有史蒂芬・史匹柏的《A・I・人工智慧》以及許多其他大作與之抗衡，但《神隱少女》仍刷新日本電影的票房。

務必掌握本質

我經常和鈴木先生在工作結束後，一起觀賞電影。不論古今中外的經典名片、東映公司的黑道電影，或是風格獨具的法國電影等，皆囊括其中。

觀影後，鈴木先生總會拋出幾個問題：

「這部電影的創作者究竟想表達什麼？他試圖呈現什麼？核心主題是什麼？他真正的訴求又是什麼？」

最初我對於這些提問很納悶，認為「只要電影好看不是好了？」因為當時的我，並未深刻理解「創作者意圖就是作品的本質」。

直到我親自投身創作，我才領悟：如果缺乏明確意圖，以及想傳達的訊息，就難以成就一部出色的作品。

這並不僅限於電影或故事創作。任何工作都蘊含其訴求與目標，並透過不同形式傳達給受眾。

所有的商品都可以視為一種宣傳，但製作商品時如果沒有掌握商品的本質，亦即：

- **目標受眾**
- **製作目的**
- **欲實現的價值**

就無法將該商品的真正魅力傳達給他人。

把這三項要素以簡潔的文字寫下來，內化成為自己的東西，並以此為指引自己。這才是無虛偽誇大的宣傳或行銷捷徑。這項原則也適用於擬定企畫案或推動專案。

失敗的原因，在於迷失「本質」

不限於思考宣傳文案之際，鈴木先生在其他狀況也經常要求：

「想一想本質是什麼？」

「想得更單純一點！」

鈴木先生現在這一點依然沒有改變。

如果作品的「本質」就是作家意圖表達的事情，那麼工作的本質，換言之是否就是「真正的目的」。

不論任何工作，喪失「本質」，都是最需要戒慎恐懼的一件事。

當團隊或合作夥伴之間出現「本質上的差異」時，必須盡早回歸初衷，修正軌道回到原本的目的。

這不僅限於製作產品時，在與人溝通或參與會議時，也務必反問自己：

這次會議的目的是什麼？

我以什麼立場出席會議？

會議對方以什麼立場和目的出席？

只要釐清本質，就能讓每次的會議都具有明確的意義。

預留「備用資金」，以便回歸本質

當意識到偏離本質時，回歸原點是非常重要的。

製作電影時，常發生必須重新回到原點的狀況。

這可能意味著重新編寫之前擬定的劇本，或者在剪輯後發現意義難以傳達時，必須修改剪接。

我會盡可能瞞著導演或其他工作人員，預留準備的製作費及行表。也就是先保留「回歸本質用的預算」。

好不容易發現本質，卻沒有回歸原點可用的預算或時間，實在太痛苦了。而且，直到最後一刻才勉強完成的作業行程，對於作品的品質會有很大的影響。這個預備費用絕對需要保留。

預備費用或排程幾乎很少會有剩餘的時候。通常都會被用到一點也不剩。

而這個用光預備費的瞬間，正是我作為製作人，才能獲得那無法向任何人訴說的，祕密的成就感。

第3章

【實踐篇】

捨棄自我，就能看見他人

一、如何解決人際關係的問題

抱持「真正應該解決的事情是什麼」的觀點。

「人」是最麻煩的問題

從事我這行，有一半的工作都在處理突發狀況。

像是資訊傳達不順暢導致製作進度停滯，或是預算可能超支，在現行體制下難以處理等，這些都是專業人士必須處理的常見問題，但其中最困難的還是「人」的問題。

明明製作順利、沒有突發狀況，心想這次終於能做出近乎完美的作品……偏偏就在這種時候，電話或郵件就會響起。

「石井先生，有事想跟你商量……」

通常都是現場的人際關係、私人的煩惱。

有時，身心狀況不佳的工作人員會在失控的狀態跑來求助。

我從小就討厭人與人之間在氣氛不好的狀態中持續下去。

當然，應該很少有人喜歡那樣的狀態，但我從小就認為「遇到討厭的對象或會製造麻煩的對象，就應該直接去找對方，面對面盡快解決」，這樣才是正確的。

直到現在我還是這樣，遇到問題就會積極介入，擔任居中協調的角色，對我來說並不困難。

但工作不像小孩子的吵架，一百個工作人員就有一百種正義，要為所有情況找到皆大歡喜的解決方案，並不容易。

而且，我從鈴木先生身上學到，最重要的是要抱持著一個觀點：

「這件事真的有解決的必要嗎？」

光著急無法解決問題，首先要問

有一次鈴木先生說。

「你知道為什麼工作人員有事不會來找我、老宮或是你商量嗎？」

他指的是一位前輩。

那位前輩是一個徹頭徹尾的客觀主義者。總是置身事外，不是那種會親自出面解決問題的人。我至今仍記得，高畑先生為了本片的製作體制問題前來抗議時，那位前輩竟然把我們這些年輕後輩推到第一線，自己卻面不改色地繼續盯著電腦。

但鈴木先生卻說，要向那位前輩學習。

更不可思議的是，工作人員竟也會找他商量問題。我自認比任何人都更關心工作人員，所以對這個說法很不滿。

「那是因為他不會幫他們解決問題。」

不去解決？

既然如此為什麼會去找他商量？

看到我瞪大了眼睛，鈴木先生笑嘻嘻地繼續說。

「人啊，很多時候，並不是真的想解決問題。一旦問題解決了，他們就得承擔責任，自己也得有所行動。所以，能傾聽他們的心聲，卻不真正解決問題的人，才是他們真正需要的。像宮先生、我、還有石井，我們都很快就把問題解決了。但對他們來說，問題解決了反而困擾！」

把對方說的話，記在A4紙上

鈴木先生的桌上總是堆了一大疊A4用紙。對方一開始說話，他就會拿起筆把對方講的內容寫下來。

這麼做能產生兩個效果。

一個是能夠獲得對方的信任。比起只是點頭稱是「嗯，原來如此」，特意拿出筆記，能表現出認真聆聽的態度。

另一個更厲害的效果。

那就是可以觀測對方的認真程度。

當對方前來抱怨、批評他人、告狀，甚至操弄資訊時，這些筆記對他們來說都是不利的「證據」。特別是如果這些筆記不是個人筆記本，而是可能被他人看到的影印紙，那就更是如此。

如果開始做筆記後，對方的語氣突然變弱，變得含糊不清，那麼就能判斷這些內容並不一定是真相。當然，世事本來就沒有絕對的真相，但至少可以看出來，這些都是對對方有利的說詞。

若過度接受對方的說詞，不僅自己會受傷，也會讓對方變得愈來愈主觀。透過做筆記，並且始終將其放在對方看得到的地方，可以保持客觀性。

如果是在打電話等這類無法做筆記的情況下，可以在附和的同時，找準時機，以「我認為是這樣」的方式複述對方的意圖。

「○○先生，您在這件事上是這麼想的，對吧？」

真心想要解決問題的人，會說「沒錯」，然後進一步說出更具體的事情。

至於不是真心想解決問題的人，則會說「不，不是那樣……」然後轉移話題。後者根本就不是真的想解決問題，所以只要聽對方說話就好。鈴木先生在這方面的引導技巧特別出色。

我在有人找我商量時，也不是使用筆記本，而是帶著Ａ４紙，故意放在對方看得見的地方，邊聽對方說邊寫下來。

這麼一來，對方也能不時瞥見那張紙，客觀地審視自己現在說了些什麼。

偶爾甚至會在談完話以後，對方提出要求：

「請給我那張紙。」

因為聆聽對方訴說事情時，也是對方藉此整理自己腦中思緒之時。

這時候若是冒然提出自己的主觀與意見，無法解決問題。一般認為，心理治療的基礎在於傾聽對方的話語，促使對方「覺察」自己的內在，我認為，在與工作人員互動時，也同樣應該以這個為原則，也就是「放下自我去傾聽」。

讓對方說出解決對策

發生的突發狀況與人有關時，重要的是不要急於先提出解決對策或代替方案。

傾聽對方說話時，持續尋找與替代方案或解決方案相關的重點。然後，當對方說得差不多時，才說：

「在聽您剛才的敘述時，我想到了一個解決方案。這要歸功於您。我認為這樣做可行，您覺得如何？」

這樣以「因對方而想到」的方式提出解決方案。鈴木先生總是以這種方式解決問題，不論是有意或無意。

宮崎先生很彆扭，對於我們提出的想法，他會立刻反駁：「不對！」但鈴木先生會說：

「啊，宮先生您剛才說的方法，也許可行喔。」

如此一來，宮崎先生就會開心地說：「對對對，就是這樣！」之後，他就會自己找到解決方案，繼續向前邁進。

更重要的是，要抱著「有時可能無法解決」的心理準備去面對。

處理問題需要勇氣與精力。但是，過度追求結果往往容易適得其反。抱著「最終結果如何都無所謂」的覺悟去面對，比起猶豫不決、使情況惡化，反而能帶來更好的結果。

鈴木先生的座右銘是：

「無可奈何事，強求亦無用。有轉圜餘地事，順其自然成。」

這似乎是張貼在某間寺廟的一句話，但鈴木先生的生存本質，可以說正是濃縮在這句話當中。

盡可能地採取所有措施後，剩下的就是等待時間解決問題。

二、以道歉方式贏得「信賴」

道歉的時候，其實很容易帶有自我意識。

不可以為了自己而道歉。

不要一再反覆道歉

那是在某個作品的劇本製作期間。我當時擔任製作助理，負責聯絡工作人員有關劇本會議的日期和地點。

召開腳本會議時，會邀請角色設計師列席。在動畫中，角色等於演員，都是手繪的角色。導演、編劇、製作人一起建構故事的同時，也會逐步塑造角色的形象。

當天我沒聯絡上角色設計師，會議就開始了。雖然我的手機響了好幾次，但因為電話號碼不在聯絡人名單中，我以為是廣告電話，所以無視。三十分鐘後，門鈴響了，角色設計師氣到滿臉通紅地站在門外。

「打了那麼多通電話給你，為什麼不接？」

我為沒接到電話道歉，但他怒氣未消。他的怒火甚至擴及我沒聯絡會議的事。

我認為我事先已經聯絡多次，但由於沒收到回覆，我以為他太忙了，但是怒火中燒的他根本聽不進去。

會議開始了，氣氛依然很僵。我一再重複道歉表示，「對不起」、「非常抱歉」，但他不肯原諒我。在一旁目睹這個狀況的鈴木先生，大聲怒吼：

「石井！不需要再道歉了。○○（角色設計師的名字）你也夠了，不要再罵了！」

鈴木先生的一吼鎮住全場，終於讓會議順利結束。

週末，我收到鈴木先生的郵件。

主旨寫著「當時應該怎麼做？」

說的是星期六的事，〇〇先生生氣的那件事。

我反思了一下。

首先，手機響起時，該怎麼做？

接或不接，取決於當時電話的內容。在那種情況下：

既然已經把手機號碼告訴了〇〇先生，就應該發揮想像力。

如果接電話，就應該去另一個房間。

而當時的第二次來電，在那種情況下應該接電話。畢竟，很可能是同一個人打來的。

應該爲自己缺乏想像力而感到羞愧。

還有，如果決定不接，事先關機也很重要。

平時也應該觀察大家是如何使用手機的。

還有道歉的方式。當時，◯◯先生非常生氣。

你一再反覆道歉，這是最糟糕的。

應該判斷對方生氣的程度，然後再道歉。而且，要一次解決。

這是訓練，所以要努力。也就是說，可以採取等待對方怒氣平息的方法。

應該學習呼吸。

謹記道歉也是一種自我滿足

回想起鈴木先生為了這樣的事特地寫信給我，淚水不禁奪眶而出。

前面說過鈴木先生曾指導我要把自己的怒氣控制在十階段。

那麼，在對方生氣時，該如何面對呢？

前面那封郵件的後半段，鈴木先生提到「不要反覆道歉，應當做到一次道歉就可以解決。採取等待對方怒氣平息的方法也很重要」。

鈴木先生這個教誨，我認為用現在我自己的話來表達這個教誨，可以說是「不要為了自己而道歉」。

當我惹別人生氣時，或者當我得知有人以意想不到的方式對我感到憤怒時，我會感到非常不安。

年輕的時候，我非常討厭這種狀態。我不想被人討厭，我想解除誤會，我不想樹敵。因為難以忍受這樣的不安，我立刻轉化為實際行動。我會前去向當事人道歉、寄電子郵件，甚至打好幾次電話。當然，這樣的誠意很多時候都能發生作用，所以應該迅速且誠懇地道歉。但是，如果對方的怒氣無法平息，無法如願的情況也不少見。

這樣的時候，我就是「為了自我滿足而道歉」，因為我不想當壞人，我不希望奇怪的傳言擴大，我希望讓自己從這個不安的狀況解脫。但是，要是真的能夠冷靜地觀察這個狀況，就會知道還有「等待」的選項。

回想起來，鈴木先生總是如此。他從不情緒化，即使有人生氣，他也能夠鎮定地處理事情。靜靜地等待對方的怒氣平息。

像我這樣「自認為」誠懇地面對他人的人，最近才深深地體會到，我其實相當自我中心。

不要以電子郵件或電話道歉

鈴木先生也教導我有關道歉的方式。

他告訴我，不要以電子郵件或電話道歉。

一定要先打電話取得見面的機會，直接去見對方，看著對方的眼睛，俯首向對方道歉。

「要道歉，就一定要發自內心，誠心誠意才行。」

鈴木先生經常這麼說：

「你知道當面道歉的好處嗎？人們面對面時，是無法向對方發洩怒氣的。抓住對方卸下心防的瞬間，真心誠意地道歉。看著對方的眼睛，就一次。一決勝負。如果這樣還不能獲得原諒，就只能耐心等時間化解了。」

回想過往，在作品製作期間，我曾多次惹惱導演與工作人員。我謹記鈴木先生的教誨，親自登門道歉，前往工作場所或他們的住家，在玄關前或咖啡廳，以經過深思熟慮的道歉話語，進行「這一次決勝負」的道歉。

我親自登門道歉，從未遭遇過對方拒絕原諒的狀況。反過來說，那些透過電子郵件或電話的道歉，卻屢屢碰壁。

曾是編輯的鈴木先生，曾有和許多作家互動的經驗。鈴木先生年輕時，還沒有電子郵件或手機，當惹怒對方，或聯絡不上對方時，唯一的辦法只能前往對方家去等待。鈴木先生認為「在家門前等」具有特別的意義，這麼做能令對方感受到你「為了自己而耗費這麼長的時間」的誠意。

「如果你的歉意無法傳達給對方，一切就毫無意義，都是徒勞無功。」

我常提醒公司年輕的同事，切勿輕易地使用「對不起」、「我下次會小心」等詞語。平時就一天到晚頻繁道歉的人，會使得道歉變得廉價而無足輕重。要是認為不能輕易道歉，就應當更謹言慎行，盡可能避免激怒對方。

而且，我認為平時不輕易道歉的人，真心道歉時，更容易獲得對真正的信賴。

立即道歉的工作人員，往往缺乏反省。我曾要求一位習慣說「真的非常抱歉」的年輕同事，禁止說「真的非常抱歉」。「真的非常抱歉」這句話，毫無分量，更毫無誠意。其中只有「『自己』想趕快從這個負面狀態脫身」的利己情感。

誠心誠意地覺得自己疏忽，覺得慚愧而衷心道歉。

我認為可以從這個重複的過程中學習。

我在鈴木先生這樣的導師身邊，所有的失敗都得到他的原諒。

曾經鑄下大錯，被他罵到狗血淋頭，至今依然懊悔不已的狀況也曾有過。但鈴木先生不論多麼生氣，隔天依然一如平常地待我。

雖然要花費非常多的時間，但對於堅持自己方式的年輕人，必須徹底打破他們的固有模式。

那位連連說著「真的非常抱歉」的工作人員，在經歷多次失敗後，正逐漸能夠被交付獨立的作品。

三、照實傳達真相的重要性

只需正確傳達，就能避免發生問題。

不可以說「善意的謊言」

曾有一位工作人員，把送給宮崎駿導演的水果，未徵求本人同意就擅自發給其他同事。

鈴木先生大發雷霆。可能有人會納悶，不過就是水果而已。我記得那位同事的說詞是，因為宮崎先生專注在工作上，因為不想打擾他，所以趁水果還沒壞掉前發給大家。然而當時鈴木先生是這麼說的：

「你怎麼知道？既然是送給宮崎先生的東西，就絕對不能不通知當事人！」

這個態度，也徹底貫徹在工作上。

吉卜力工作室每天有很多採訪與會議。其中有一大半是宮崎駿導演的採訪，或是其他各種活動的協力委託。雖然多數都是可以直接打回票，然而鈴木先生十分討厭沒有向宮崎先生直接確認就回絕。

「要回絕還是要接受，必須由老宮決定。擅自下判斷就是隱瞞資訊。那就是放棄『傳達』的工作不是嗎？必須盡到該盡的責任，讓老宮來做決定才行。不能讓老宮成為裸體的國王。」

身為資訊接收者，有義務將資訊正確地傳達給對方。

許多人為了八面玲瓏、不得罪任何人，對A說一套，對B卻又說另外一套，採取這種只顧眼前的應對方式。然而，這種「善意的謊言」日後必將衍生出問題。

只需正確傳遞資訊就能獲得信任

有一次，高畑勳導演問我：

「你知道我為什麼能當上導演嗎？」

我腦中閃過「表現的知識」、「經驗與才能」等答案，卻都答不上來。

「因為啊，我在東映動畫的時候，比任何人都更能精確地傳達訊息。」

年輕時曾擔任助導的高畑先生，負責導演、各部門主管、音效與沖印人員等所有部門的聯絡工作。據說，他最重視正確傳達導演的內容與各種資訊，逐漸獲得

「只要告訴高畑，事情就能正確傳達」的評價，工作也因此愈來愈多。

高畑先生並非動畫師。由於他不透過繪畫傳達個人想法，因此擅長以言語向創作者下達清晰明確的指示。鈴木先生、高畑先生和宮崎先生始終都認為，唯有正確傳達訊息，才能真正把工作做好。

有件事我永遠也忘不了。

在我剛成為鈴木先生助理不久時，有一次他派給我的工作是把宮崎先生手寫的《神隱少女》企畫書製作成文字檔。

擔當重責大任的我，把手寫的文章製作為文字檔時，我改了幾個地方，以及換行的位置。理由是「我覺得這樣比較好」。

而我的預期不但落空，還令鈴木先生怒火中燒，臭罵了我一頓。

當時在日比谷帝國飯店的咖啡廳。鈴木先生怒罵的聲音，大到幾乎其他客人都快從椅子跳起來的程度。

「你覺得這麼做比較好？你算哪根蔥？這是宮崎先生寫的企畫書，你所要做的，就是全力以赴，一五一十地照樣做出來就對了！」

不論是好是壞，精確地傳資訊。

我一直持續照著做以後，獲得「只要跟他說，他一定會準確地把話帶到」、「跟他商量，能正確無誤地分享資訊」的信賴感，也開始被委託一些大型工作。

鈴木先生的這個教誨，直到現在對我而言，仍是面對工作的基本態度。

四、打造出色團隊

打造高創意力組織的基本原則。

能力差的人可以讓他在身邊，但壞人不行

鈴木先生身邊聚集了許多獨特的人。

無論是人格特質或工作方式，都有很多相當偏執的人。

然而，鈴木先生絕對不會將「壞人」放在身邊，即使對方再怎麼優秀。這裡的「壞人」指的是只考慮自身利益、說謊或利用他人的人。

許多組織似乎都傾向於讓「壞人但優秀的人」比「不夠圓滑但誠實的人」擁有更高的地位，但鈴木先生的做法不同。吉卜力和大企業最大的差異，可以說就集中在這點。

鈴木先生曾對我這麼說過。

「別想組建新選組。只聚集有能力的人，他們會開始互相殘殺。每個人都有其擅長和不擅長之處。不能只盯著別人的缺點，必須看到夥伴的優點。」

鈴木先生喜歡儒勒・凡爾納的《十五少年漂流記》。故事講述十五個各有優缺點的少年在無人島上求生的故事。鈴木先生曾說過：「因為大家都能發揮自己的長處，互補不足之處，工作才會變得有趣。」

腦海中清晰地勾勒出對方的臉

身為一位製作人，需要面對眾多工作人員和相關人士，我逐漸在工作中形成了一套獨特的心法。

那就是將思考專案本身的想法抽離出來，轉而清晰地在腦海中勾勒出與之相關的人們臉孔。

舉例來說，假設我正在進行八個企畫，並針對每個作品設定優先順序。在所難免的狀況下，進度吃緊的作品或是大型專案會被優先處理，而中小型作品的思考時間相對減少。但這是不行的。

因為無論專案規模大小，每個工作人員都是賭上自己的人生在面對作品。正因為他們認真負責的工作，我才能夠有飯吃。

我總是會在腦海中浮現出現在工作上有所關聯的人的臉。一瞬間，人數就從幾十人增加到數百人。

我會用「情感」這個單一的焦點，注視著每一個人的臉龐。

有人面露滿足，有人面帶不悅；有人意氣風發，也有人疲憊不堪，彷彿隨時都會倒下。在腦海中勾勒出對方的臉時，便能察覺到可能出現問題的對象。

當浮現出面帶不滿、疲憊不堪，或是有不良意圖的人的臉時，我會立即採取行動。

我會聯絡對方並與之會面，透過談話找出問題所在（到目前為止，從未有毫無問題的情況）。在深入交談的過程中，一同思考是否能解決問題。

如果只從整體專案的角度來思考，便會忽略這些個別工作人員或相關人士的狀況，等到發現時，往往已造成難以挽回的後果。

所謂的工作並不是專案，而是相關人員的內心本身。

這種自覺對我的工作而言非常重要。

組建出色團隊時

作為組織領導者的信條，鈴木先生曾多次告誡我：

「距離自己愈遙遠的工作人員，愈要重視。」

據說，鈴木先生與地方電影院的經理談話時，聊到了某位知名的製作人。

那位製作人以非常傲慢的態度造訪電影院，對經理及其他工作人員頤指氣使，彷彿對待奴隸一般。那位經理說：

「我當時心想，這個人的作品絕對不讓它賣座。」

一部電影的製作，動輒牽涉上千名相關人士。

遺憾的是，不可能每天都和所有工作人員面對面交流。有時忙到焦頭爛額，剝奪了與團隊成員溝通的時間，而問題往往就是在這樣的時刻悄然發生。

自己究竟組建了多成功的團隊，唯有在電影完成後才能見真章。

完成後的慶功宴上，有多少人對我表示，「期待再次合作」，就是一切的答案。

當慶功宴結束，收拾會場時，有時候會遇到只見過一、兩次面的工作人員，他們專程等待我們收拾完畢，只為了說一句：

「這次合作非常愉快，希望能再次合作。」

我深信，這份工作最大的價值，就是為了換取這些真摯的握手與期盼。

五、洞悉他人的專長

看穿素質，將能力言語化。

看穿他人的專長

我到目前為止，究竟參加過多少次鈴木先生的會議呢？

假設六年期間，平日總計兩百五十天（雖然我們連週末假日也一起工作……），一天平均出席四次會議來計算，就是六千次。

有一次開會時，來訪的是一位電影相關公司的人士，我也出席那場會議。

總覺得對方所講的話，不得要領。話題東拉西扯，毫無焦點。對方提到可以利用他們公司的平台，在全球播放電視影集，又提到《龍貓》如何如何……鈴木先生邊聽邊抖腳，聽他說了一陣子以後，突然盯著對方說道：

「你這不就是想讓我們把《龍貓》改編成電視影集嗎？你想不費吹灰之力，就利用《龍貓》來做生意嗎？」

正中要害。對方支支吾吾。鈴木先生乾脆地說：

「我們沒有這種打算。」便結束了這次會談。

我從鈴木先生說的才總算了解對方真正的來意，驚訝地目瞪口呆。

一般而言，可能在這時說完再見就結束，應該不會再和對方有商業上的往來。

但鈴木先生令人驚訝的是他之後說的話。

「他還年輕，或許能做出些什麼。我不會跟他合作，但石井，你去跟他聯絡看看，或許可以再觀望看看。」鈴木先生絕不輕易放棄任何人。

訓練識人能力的方法

跟在鈴木先生身邊而有機會見到很多人，我拚命模仿鈴木先生「識人的眼光」。久而久之，我現在也能在初次見面時，掌握到對方大概是什麼樣的人。雖然成功率不能說是百分之百，但我自信應該有八成左右。

方法很簡單。與對方見面時，盡可能拋開先入為主的成見，只觀察對方的談話內容、事情，以及表情變化。

一邊觀察，一邊探尋對方的目的。

「他是抱著什麼目的在這裡？」

「他是抱著什麼目的說這一番話？」

我只是單純地觀察對方。

只需這麼做，就能察覺對方的企圖（雖然偶爾會失準）。

如果對方是創作者，情況就比較單純。動畫師、背景美術人員等人的工作，因為工作內容具體，只需看成品就能知道。所以和創作者會面時，我會看他們的作品。

較難了解的是導演、副導以及製作人等這類職務。大體來說，舌燦蓮花卻內容空洞的人一定出局。另外，中傷他人、批評其他作品以及喜歡找藉口的人也要注意。

在我們的業界中，普遍流傳一個說法：

「在會議中滔滔不絕的員工，最好盡快讓他離開。另一方面，那些說『我不確定能不能做到，但我願意試試看』的謙虛員工，則值得給予機會。」

這種說法認為，愈沒有自信的人，就愈喜歡誇誇其談。相反地，真正有實力的人，往往更加謙虛。這種真理，應該適用於各行各業吧。

什麼是好的相遇？

前陣子清理了堆積如山的名片，竟然裝滿了兩個大紙箱。

我每天都會和許多人碰面，但不可能每一次都是好的相遇。其中有很多完全沒有開花結果的談話，而且以「對您有利」為理由而占用我的時間，卻連一次合作機會都沒有人相當多（同一世代的人很多極為困擾）。

那麼，怎樣才算是好的相遇呢？

我有一個明確的標準。

這和對方是否與我意氣相投，或會談時是否愉不愉快無關。

「如果因此誕生工作」那就是好的相遇、好的會談。

「如果沒有因此誕生工作」，那就是留下課題的相遇、會談。

這就是我判斷「好的相遇」、「好的會談」的基準。

我以「一次會談，一個工作機會」的心態來進行會談。

電影工作尤其如此。即使起步看似順利，卻因為各種因素而挫敗的企畫是家常便飯。

所有工作如果不先從零進行到一，就只是「無」。不論是什麼樣的會議，我都會留心讓它設法有從零誕生出一的契機。

花時間認清「專長」

鈴木先生選擇二十一歲的我擔任助理，並傾囊相授，並非因為我具備什麼過人的天賦或才能。

鈴木先生向來樂於提攜那些無所歸屬，或獨具特質的人。

前面曾提過，我因為想更接近鈴木先生，每晚連續端咖啡為他送上咖啡到會議室，有一次，適逢鈴木先生的電腦當機，他要我協助修復。

「你好像對電腦挺在行的嘛。那麼，請你往後每天用電子郵件教我一些電腦基礎知識，簡單扼要即可。」

之後我在兩年間，持續不輟地寄給他五百多封電子郵件（詳見一三〇頁）。鈴木先生每晚細讀這些郵件，逐一回覆，並從中探尋我這位看似不適任的製作助理，所擁有的「特殊技能」。

像我這樣的凡夫俗子，最擅長的就是挑剔他人的缺失。

「那傢伙真是沒用！」

年輕的我，總是輕率地對他人下定論。然而，我錯了。**從認為對方「不行」的那一刻起，才是與對方之間關係的起步。**

將專長化為語言

喜好棒球的鈴木先生曾說：「我是再生工廠。」他還說：「如果待在巨人隊很無趣，所有球員都是最強的四號打擊手的球隊，獲勝也很無聊不是嗎？」

他以前並非總是和優秀的員工共事。事實上，他多半被分派到的都是表現較差的員工，而他一直以來的工作重心，都是如何帶領這些員工成長。

常有人說，「多看別人優點；不要只看缺點」。有這麼多人說這句話，毫無疑問，必定是道出了某種本質。

然而，所謂的「優點」究竟是指什麼？

「他自我主張太強，人際關係不佳，但工作能力很強」，或是「她雖然沒有特別的能力，但工作腳踏實地」等抽象的表現，無法落實到工作上。

將「優點」、「缺點」言語化以後，才能落實到工作中，鈴木先生把「優點」稱為「專長」。

我對鈴木先生曾說過的以下這句話，印象格外深刻。

「人都有所謂的『專長』。雖然有些人有許多專長，但大多數人都是靠一項專長決勝負。看人的時候，試著盡可能用具體的言語來表達出他們的專長。這樣一來，既能引導出他們的優點，也能避免對他們提出不合理的要求。」

將專長用語言表達出來這個教誨，如果能養成習慣，就能在工作成果上得到回報。

舉例來說，在會議上完全沒有發言，給人灰暗氣氛的人，卻能在會後寄來極其正確易懂的會議紀錄。

鈴木先生會先誇讚對方：「○○的專長，就是能整理出明白易懂的會議記錄。」之後，只要更積極地把記錄的工作委託這個人，自己就能更專注在必須處理的工作。

這樣的人，雖然不擅長對外的溝通，但在無意識間，必然會更磨練出其他傳達資訊的方法，平時很少會這麼受到重視，所以會比別人更加倍努力。

運用與生俱來「核心」的重要性

本書主題「捨棄自我的工作術」的本質，並不僅僅是捨棄自我，偷學他人的專長，而是洞悉他人的專長，然後重新找回自我。

但為什麼洞悉他人專長，可以重新找回自我呢？那是因為「當別人比你更擅長某項工作時，你不必事必躬親，可以放手委託給更專業的人，進而專注於發揮自身所長」。

鈴木先生非常擅長把別人的專長言語化，發掘當事人的潛能。常有人帶著批評的口吻，認為鈴木先生「擅於利用他人」。鈴木先生確實擅長分派任務，這或許造成了一些誤解。然而，只要是與鈴木先生密切共事過的人，應該都不會認為自己「被利用」。社會上有很多人喜歡與有才能的人站在一起，藉以沾光。但鈴木先生並非這樣的人。

為什麼只有鈴木先生與眾不同？

那是因為鈴木先生能摒除主觀，洞悉他人的「專長」，讓個人發揮最大能力而組成團隊。

如果沒有鈴木先生，光靠宮崎駿、高畑勳兩位導演，我想大概無法讓這麼多傑出的作品問世。

不論生活態度或社交能力多麼亂七八糟的人，只要有一技之長，鈴木先生就給予尊重，將他安排在能發揮所長的崗位上。因此，鈴木先生身邊總是圍繞著許多特立獨行的人，但也正因如此，才能成就非凡的作品。

第一章我曾提到「核心」的概念。

所謂的專長，正是拋開「自我」之後，才會顯現出來的、個人獨一無二的「核心」。鈴木先生是一位深諳找出工作夥伴「核心（專長）」重要性的人。

與「專長」共事的樂趣

養成將自身「專長」具體表達的習慣，能讓工作變得更加愉快。

我們往往傾向於與自己喜歡的類型或相處自在的對象交往。當然，沒必要和相處不愉快的人成為朋友。

然而，工作上則不一樣。

唯有和擁有自己沒有的能力、才華出眾的人合作，才能成就更遠大的目標。

一旦去意識發掘對方的專長，對於個性或氣氛就不會太過在意。反而能夠去注意本書一再重複強調的「這個人站在什麼樣的立場，能夠做到什麼貢獻？」等具體的能力。

那麼，我的專長又是什麼呢？

很遺憾的，我並不具有優秀的企畫力、製作能力、強大決策力、組織力或資金調度能力。

雖然鈴木先生未曾明確提及，但他曾給我的，可以視為「專長」的評價，我想八成是：

「能夠準確地將所聽所見，轉化為文字或文章，並傳遞給他人」。

鈴木先生總是為我安排能發揮專長的工作，例如：讓我擔任鈴木先生和宮崎先生之間的傳話人、一定會讓我出席重要的會議、或是指派我整理並統整高畑先生的發言。

據說前陣子鈴木先生提到我，曾這麼說。

「石井作為製作人的能力我是不太清楚。但他很擅長整理所聽所見，或許很適合當地方新聞記者？」

……這席話實在令人心情複雜，但一點也沒錯。

但事到如今，我並沒有成為新聞記者的管道，所以我一心一意發揮「準確地將所聽所見，傳遞給他人」的專長，做好製作人的工作。

仔細思考，製作人一大半的工作，都是在傳遞訊息。各式各樣的難題，只要整理並重新架構資訊，往往就能迎刃而解。所以，我說不定也挺適合當製作人吧……？大概。

後記

其實，我並不擅長書寫自己的事。

撰稿期間，編輯好幾次都要求「希望能多著墨自身經驗」。然而，或許是因為我將近二十年期間，如同本書說的「始終捨棄自我，模仿他人，致力於整理的工作」，所以怎麼也做不到。

結果，本書成了整理、實踐我從恩師鈴木敏夫身上學到（或可說是模仿）的心得之作。

這是我撰寫的第一本書，當初我完全無法想像會成為什麼樣子。一開始原本希望寫成以師徒間的故事為主的散文集，但因為編輯建議「書上寫到的工作術，對於年輕世代，或是因為自我風格而在工作中受挫的人是必要的」，最後成為一本兼具商業管理性質的書籍。

撰寫本篇「結語」之際，我不禁想起鈴木先生的一句話。

「人需要為了自己而利用他人，而能夠被他人所需要的自己，才是真正的自己。」

拋開自我，模仿他人的生活方式，才能看清自身原本擁有的價值。

為了做到這一點，我們需要某個人。

正因為如此，我們需要先「捨棄自己」，藉由「模仿某個人」來了解自己，並獲得一顆尊重他人的心。這就是人生中的「學習」，也是享受工作的唯一方式。

我一開始曾向鈴木先生商量本書的事。

他立即給我以下的回覆。

「這不是很好嗎？這只有石井老弟你才寫得出來。雖然有些地方可能與我的記憶有所出入，但我認為我最好不要插手。如果我介入指出這裡不同、那裡應該如何，最後可能扭曲你的回憶。所以我還是等書出版後再來閱讀吧！」

鈴木先生果然很帥氣。

本書能夠問世，最大的功勞要感謝給我機會的WAVE出版的飛田淳子編輯，以及她專業的編輯能力。我只是依據飛田編輯提示給我的主題，回想向鈴木先生學習的點滴寫出來而已。

此外，出現在本書中，給我的人生莫大影響的朋友菅野祐悟、川村元氣，我也致上最誠摯的謝意。能夠與如此才華洋溢的人們生於同一時代，我深感榮幸。

同時，我也要感謝吉卜力工作室的野中晉輔與田居因，他們協助我確認了原稿的真實性。野中先生糾正了我記憶模糊的部分，而田居先生則追問我「為何要出版這本書」的根本原因。

最後，衷心感謝拿起本書的每一位讀者。

我寫了看似很了不起的事，我數次在寫作之際，不斷自問我所寫的，是否能帶給社會上的人深遠的影響。

我還是一個不成熟的人，因為邂逅那些具有傑出才能的人，在模仿他們，追隨他們的過程中，或許能對本書讀者，在今後的工作及人生中，能多少有所幫助的話，就是我最大的喜悅。

我一直思考該如何傳達鈴木先生所教導我的，而寫下本書。這是我非常幸福的時光。透過這樣的幸福時光，我想把銘刻內心的一句話，送給各位。

「只有考慮到自己以外的事物，人生才能變得真正豐富。」

感謝您讀到最後。

二〇一六年六月吉日

石井朋彥

新版後記

本書出版已經七年。至今依然收到許多各界的感想，以及他們實踐鈴木先生傳授的「捨棄自我工作術」的心得。

充滿喜悅之情的同時，我也感到激動不已。畢竟我自己依然還在實踐本書內容的中。

從二〇二〇年開始的三年半期間，我身為宮崎駿導演執導的最新作品《蒼鷺與少年》的工作人員，有幸在鈴木先生與宮崎先生的身邊，再次獲得共事的機會。

最開心的是，他們兩位依然身體健朗地工作，至今依然重視他人勝於自己，讓我親眼目睹他們製作電影的身影。

例如談到為什麼會製作《蒼鷺與少年》這部作品時，兩個人的說法是——

「是因為鈴木你提出要製作的。」

「不是吧？明明是老宮你說想做的不是嗎？」

他們一來一往的對話，簡直像在說相聲，然而，在這個「邀功」和「甩鍋」成風的時代，這兩位大師級的人物，直到企畫拍板定案的那一刻，仍將功勞歸於對方。或許也有人認為，他們只是在互相推卸責任，試圖減輕自身的負擔……但相信看過《蒼鷺與少年》的觀眾，都會對主角真人與鷺男之間的互動感到熟悉，那正是宮崎先生與鈴木先生關係的寫照。

宮崎先生曾在某次會議上說：

「拍電影就像繪圖說故事的『紙芝居』一樣，必須一張一張地讓眼前的觀眾感到開心。」

而鈴木先生現在依然是這樣：

「總是想著別人，沒空想自己。」

再偉大的企畫，若是不考慮夥伴、客戶、觀眾，只顧著自己，也不會成功吧。執著於自己的點子和功勞，不願意尋求夥伴幫助的人，身邊是不會有人聚集的。

經歷了新冠病毒的流行和俄烏戰爭，我們比以往更加深刻地體會到與他人連結的重要性。在自我責任論、利己主義、貧富差距擴大以及社群媒體普及所導致的分裂日益加劇的世界裡，「如何生存」我認為等同於「為了誰而生存」。自我意識和對認同的渴望，都是最沒有意義的負擔。宮崎先生曾將社群媒體的炎上現象形容為

「認同欲望的漩渦」。

我深信，這本書中所寫的內容，至今仍然對某些人有所助益。在現今這個艱困的時代，拋開自我，藉助他人的力量共同生存，才是唯一的出路。

最後，衷心感謝提案出版新裝版的WAVE出版社諸位、相關人士，以及拿起本書的讀者。

石井朋彥

二〇二三年九月

無我之道
吉卜力製作人給年輕人的職場生存手冊

出　　版／楓書坊文化出版社
地　　址／新北市板橋區信義路163巷3號10樓
郵政劃撥／19907596　楓書坊文化出版社
網　　址／www.maplebook.com.tw
電　　話／02-2957-6096
傳　　真／02-2957-6435
作　　者／石井朋彥
翻　　譯／卓惠娟
責任編輯／黃穫容
內文排版／洪浩剛
港澳經銷／泛華發行代理有限公司
定　　價／380元
初版日期／2025年6月

國家圖書館出版品預行編目資料

無我之道：吉卜力製作人給年輕人的職場生存手冊／石井朋彥作；卓惠娟譯. -- 初版. -- 新北市：楓書坊文化出版社, 2025.06　面；　公分

ISBN 978-626-7548-99-8（平裝）

1. 職場成功法　2. 自我實現

494.35　　114005597